李志敏◎编著

不抱怨的世界

民主与建设出版社
·北京·

©民主与建设出版社，2018

图书在版编目（CIP）数据

不抱怨的世界 / 李志敏编著. — 北京：民主与建设出版社，2017.12

ISBN 978-7-5139-1824-4

Ⅰ.①不… Ⅱ.①李… Ⅲ.①成功心理–通俗读物 Ⅳ.①B848.4-49

中国版本图书馆CIP数据核字（2017）第304677号

不抱怨的世界
BUBAOYUAN DE SHIJIE

出 版 人：许久文
编　　著：李志敏
责任编辑：王　倩
出版发行：民主与建设出版社有限责任公司
电　　话：（010）59419778　59417747
社　　址：北京市海淀区西三环中路10号望海楼E座7层
邮　　编：100142
印　　刷：三河市天润建兴印务有限公司
版　　次：2018年4月第1版
印　　次：2018年4月第1次印刷
开　　本：710mm×1000mm　1/16
印　　张：17
字　　数：130千字
书　　号：ISBN 978-7-5139-1824-4
定　　价：39.80元

注：如有印、装质量问题，请与出版社联系。

前 言
PREFACE

有一位哲人说过：改变别人远没有改变自己来得容易。现实世界中，有着太多的不如意，自你投生在这个世界的那一刻起，为了生存，你已别无选择，与其不断地抱怨世界，不如试着改变自己。

大千世界，茫茫众生，每个人都有自己的无奈，自己的烦恼。鲜有人的一生是一帆风顺的，大多数人要跌跌绊绊地走完自己的人生。在这一生中，我们要经历无数的抉择，面临无数的挑战与挫折。然而，对这一切，每个人所做出的反应却是大不相同的。

有的人在遇到挫折时，会一蹶不振，灰心丧气，日后的人生永远是死水一潭，生气全无。

有的人在遇到挫折时，虽不致一蹶不振，可也会从此丧失斗志，从立志做翱翔蓝天的雄鹰，转而变成一只仅满足于口腹之欲的家禽。

然而有的人却不会被一时的挫折所打败，即使重复无数次的失败、失败、再失败，他们始终会燃烧着雄雄的斗志，一次一次地摔倒，再一次一次地爬起。这源于他们坚定的信念、顽强的生命。

当你遇到不如意的事情时，不要一味地抱怨世界

前言
PREFACE

的不公，抱怨并不能给你带来成功与财富。与其抱怨，不如学会放弃这一怨恨的心态，改变自己的生存观，树立坚定的信念，正确对待人生路上的挫折，寻求下一个成功。

其实上帝对每一个人都是公平的，当他给你关上一扇门时，必然会在另一处地方为你打开一扇窗。你所要做的，不是在门前徘徊、抱怨，或乞求上帝为你开门，而是应该转移视线，搜寻那一扇希望之窗，当你推开窗子时，你会发现另一片崭新的天地。

当你不再抱怨世界时，你就会积极地前进，不久的将来，成功一定会成为你的囊中之物！

目 录
CONTENTS

第一章
有坚强的信念就有坚强的人生

001

01 转变观念,世界随之改观 / 002
02 迎上去,失败才会远离 / 006
03 选择成功是你"最大的不幸" / 010
04 幸运是有限的,不幸却是无限的 / 016
05 多坚持一分钟,就会破茧成蝶 / 021
06 打破对完美爱情的迷信 / 026
07 信念的力量可以改变一切 / 029
08 绝不放过最后一线希望 / 035
09 信念要有持久的耐心做保障 / 040
10 志向的坐标不能随风摆动 / 045
11 除了你自己,没有人可以判定你是失败者 / 049
12 意志创造奇迹 / 052
13 相信自己没有什么事是做不到的 / 056
14 再艰难也不要放弃希望 / 060

第二章
如果无法改变世界，那就改变对世界的看法

063
01 放任自流的人就会受到命运的惩罚 / 064
02 命运是一根虚设的木桩 / 068
03 天无绝人之路 / 070
04 把命运抓到手中才是最可靠的 / 076
05 给自己一个坚持理由 / 079
06 别让阅历成为自己的枷锁 / 084
07 让志向的心灯永恒不熄 / 089
08 摆脱厄运的办法是不向它认输 / 097
09 向骆驼学习坚韧的精神 / 102
10 永远不要放弃梦想 / 106
11 不要在失败后面画句号 / 114
12 活着本身就是奇迹 / 119
13 做人不要怕，做事不要悔 / 126

第三章
哭着过，不如笑着活

131
01 你必须拥有失败的自由 / 132
02 跌倒也不空着手爬起来 / 139
03 如果坚持下去，最好的总会到来 / 145
04 生存境界就体现在最困难的时候 / 153
05 千里之行，始于足下 / 158

06 在失败与挫折中得到收获 / 163

07 伟大之人必有伟大的信念 / 166

08 潜能之所以为潜能，是因为信则有不信则无 / 169

09 因为我不要平凡，所以比别人的苦难更多 / 176

10 每天都要问自己：你竭尽全力了么？/ 181

11 祸兮福所倚，福兮祸所伏 / 187

12 蜕变是生命的自我强化 / 191

13 愈挫愈勇才为真英雄 / 195

14 迷失中更需要依靠自信 / 198

15 倒下并不可怕，可怕的是再也站不起来 / 202

16 未经十灾八难，终难成人 / 207

17 只有自己才能拯救自己 / 212

第四章
习惯决定性格，性格决定命运

217

01 从自虐到自制 / 218

02 不要为自己的逃避找借口 / 223

03 苛求自己才能达到优秀 / 230

04 人，不可一日无目标可循 / 235

05 人生的底牌掀不得 / 241

06 欺凌和耻辱都是生命中的珍宝 / 246

07 抱怨与事无补，唯有成功才是出路 / 249

08 逆风而上，顺风则下 / 256

09 在"下一次"中找回正确的自己 / 261

第一章
有坚强的信念就有坚强的人生

世界在每个人心中都有一个固定的模式，这种模式往往与现实产生抵触。世界随信念而发生裂变。

01 转变观念，
　　世界随之改观

每个人的心中都有一套自己固有的看待世界的模式。它像指纹一样，不会与另外任何一个人有绝对意义上的重复。

你就是你，你的表达方式、你的行为、你的好恶等等的总和形成了一种外在的叫做性格的东西，你以它去同外面的世界交流。

然而，它往往与现实发生抵触。

抵触的结果是，你被现实打得头破血流，一败涂地。

怨天尤人是无济于事的，因为你无法改变强大而不可抗拒的现实世界。那么，剩下的只有一条路：改变你对世界的看法。

这不是自欺欺人，不是退让认输，也不是阿Q式的精神胜利。古今中外有无数铁的例证，说明了这一点：只有当你心中的世界模式发生了改变时，现实的世界才会随之改观，使你适应并与之达到和谐。只有转变你的观念，你才会重新坚强地站起来，勇敢地面对世界与人生。

第一章
有坚强的信念就有坚强的人生

否则,你将永远被强大的现实压倒在地,永远不得翻身。

司马迁遭受残酷的宫刑之后,万念俱灰,一心想死,因为对于他来说,人格尊严、仕途与人生统统丧失了意义,只有死才是最好的解脱,同时也可以借一死向汉武帝示威。但是,面对现实,他逐渐清醒了过来:对于一个庞大的汉朝而言,死一个司马迁就像死一只蚂蚁一样微不足道。这样的死,轻于鸿毛。而如果他能写出一部流传千古的《史记》,让后人永远记得他,感激他对历史的贡献,岂不是真正的人生价值所在吗?

改变了对世界的看法,他所面对的残酷现实也随之发生了改变——无论对帝王的怨恨或是对人生的绝望,一切的一切均被《史记》所取代、所融化了。悠悠万事,唯此为大。

司马迁是聪明的。他采用了一种以退为进的策略,借助于改变自己的观念来改变世界——不做强权政治的牺牲品,以坚强的信念和远大的志向同现实抗争,最终达到实现自我价值的目的。

这就是观念的力量。在这个世界上,造成自己的心理障碍的,影响一个人的幸福观念的,有时候,并不是因为物质上的贫乏和丰裕,也不是一个人处境的不同,而是取决于一个人心境的改变。如果你的心灵浸泡在创伤和遗憾里,痛苦就会占据你的整个心灵。

同样是从铁窗中望出去,有的人看到的是泥潭,但有的人看到的却是满天星斗。世界就是你心目中的样子,你是积极的,世界就是积极的。反之亦然。

有这样一个故事,一定会对你有所启示:

一个小男孩在山崖的鹰巢里捡到两只鹰蛋。他很高兴,回到家里将鹰蛋放在鸡蛋中,让一只母鸡来孵化。这样,孵出来的鸡群里就有了两只小鹰。小鹰和小鸡一起长大,因而不知道自己除了小鸡还会是什么。

有一只鹰因为翅膀渐渐长大,偶尔扇动起来便有一种振翅欲飞的感觉,这让它感到骄傲,有一种"不同于鸡类"的优越感。这种感觉越来越强烈,最后,它认为自己不应该是一只鸡。

一天,它看到有只老鹰在高空中翱翔,羡慕之际它感到自己的双翅有一股奇特的力量。这时,它已毫不怀疑自己可以飞到天上去了。

"我决不甘心做只小鸡。我是鹰,我要飞上青天!"

尽管从未飞过,但是飞翔的天性和强烈的欲望使它产生一种巨大的力量。它终于振翅飞离了地面,冲到了一座山峰,之后飞向了更高的天空中。

从此它便永远离开了那脏兮兮的鸡窝,飞翔在广阔的蓝天中。

而另一只鹰却一直呆在鸡窝中,虽然它的翅膀也具备了飞翔的力量,

第一章
有坚强的信念就有坚强的人生

但它安分守己满足于做一只鸡,从来没有想过要一飞冲天。

"我是只鸡。我只配生长在鸡窝和围栏中啄食。蓝天太高了,飞起来会摔死的!"

久而久之,它完全蜕化了,它有了日益笨拙的身体,翅膀也一点点失去了那种搏击蓝天的力量。它变成了一只怪模怪样的鸡。

两只鹰面对同样的世界,却由于观念的不同,产生了两种截然不同的结果。

由此可见,转变观念,并不等于退让,更不是认输,而是你改变世界的精神准备。

02 迎上去，
失败才会远离

　　林肯，美国历史上一位无人可及的伟大总统。在51岁之前，他的生命经历了一次又一次的灾难。

　　1832年，林肯失业了，这显然使他很伤心，但他下决心成为一名出色的政治家——竞选州议员。不幸的是，他竞选失败了。在一年里遭受两次沉重的打击，这对他来说无疑是痛苦不堪的。

　　后来，林肯着手自己开办企业，可一年不到，这家企业又倒闭了。在以后的17年间，他不得不为偿还企业倒闭时所欠的债务而到处奔波，历经磨难。

　　1834年，林肯决定再一次参加竞选州议员，这次他成功了。他内心萌发了一丝希望，认为自己的生活有了转机。

　　1835年，他订婚了。但离结婚还差几个月的时候，未婚妻不幸去世。这对他精神上的打击实在太大了，他心力交瘁，数月卧床不起。

第一章
有坚强的信念就有坚强的人生

1836年,他得了神经衰弱症。

1838年,林肯觉得身体状况良好,于是决定竞选州议会议长,可失败再次降临在他身上。

1843年,他又参加了竞选美国国会议员,仍然以失败告终。

至此,他已连续遭受了七次重大的打击,无论是在事业上、感情上还是在他的政治前程上,他接连遭遇失败。如果是一个不敢面对失败的人,一定早就放弃了。可是,林肯的选择却是坚持下去。

1846年,他又一次参加竞选国会议员,最后终于当选了。

两年任期很快过去了,他决定要争取连任。他认为自己作为国会议员表现是出色的,相信选民会继续选举他。但结果很遗憾,他落选了。

因为这次竞选他赔了一大笔钱,林肯决定申请当本州的土地官员。但州政府把他的申请退了回来,上面指出"做本州的土地官员要求有卓越的才能和超常的智力,你的申请未能满足这些要求"。他又一次失败了。

1854年,他竞选参议员,失败;两年后他竞选美国副总统提名,失败;又过了两年,他再一次竞选参议员,还是失败了。

失败,失败,再失败,28年中12次失败的打击,并没有让他放弃自己的追求,他一直在做自己生活的主宰。终于在1860年,他当选为美国总统。

30年的苦苦拼搏,顽强不息,经历了12次重大失败和无数次屈辱和打击,林肯并没有退缩,而是选择了迎着失败走上去,最后,失败远离了他。林肯成为美国历史上最伟大的一位总统。

要知道,失败有一种特性,你越想逃离,它逼得越紧。

如果你同失败结下"不解之缘",逃离是没出路的,即便你飞到火星上去,它亦尾随而至。失败就像一匹狼,虎视眈眈注视着你,如果你没有勇气去和它搏斗,只能被它活活吞掉。只有与之搏斗,你才有生还的希望。

有人问一位登山专家:"如果我们登山时,在半山腰,突然遇到大雨,应该怎么办?"

第一章
有坚强的信念就有坚强的人生

登山专家说:"你应该向山顶走。"

他觉得很奇怪,不禁问道:"为什么不往山下跑?山顶风雨不是更大吗?"

"往山顶走,固然风雨可能会更大,它却不足以威胁你的生命。至于向山下跑,看来风雨小些,似乎比较安全,但却可能遇到爆发的山洪而被活活淹死。对于风雨,逃避它,你只有被卷入洪流;迎向它,你却能获得生存!"

很多时候,我们在生活中都面临着这样的处境,迎面是肆虐的风雨,我们本能的选择就是要逃离,但是,逃离往往会让我们走进更大的危险之中,只有迎上去,经历风雨,我们的人生才能够更加辉煌,更加美丽。

03 选择成功是你
"最大的不幸"

选择成功固然可喜可贺，它会让你成为一个与众不同的优秀的人，还会给你带来丰厚的奖赏。

然而，你必须清醒地认识到，你选定了艰难的成功事业，也就是你不幸的开始。

这不是危言耸听，所有的成功都要付出代价。就像歌里唱的：不经历风雨怎么见彩虹，没有人能随随便便成功。

人生是无法回避艰辛和苦难的。它的本身就已很不轻松，可你又偏偏给它加码——选择了并非容易获得的成功。

很多追求成功的人在他人看来纯粹是自讨苦吃。因为他是那么的执著，那么的"死撞南墙不回头"，不惜一次又一次从头开始……

追求成功的人不肯轻言放弃，在他们看来，没有成功的人生毫无意义。他们坚持自己的信念，矢志不渝。

第一章
有坚强的信念就有坚强的人生

他们知道自己选择了一条艰难的路,因为成功从来不会一帆风顺。

如果你认为成功是一帆风顺的,就如同相信天上会掉馅饼。这个故事一定能够对你有所启发:

一座神庙中的泥像,长久以来一直觉得自己很幸福。庙虽破旧了些,但可遮风蔽雨,而且不食人间烟火,无须劳神费力。但后来,他渐渐羡慕起外面的人类了。也许是久静思动的原因吧,他觉得做一个活生生的人挺不错的,可以无忧无虑、自由自在地到处闲逛。

有一天,一个老神仙路过此地,泥像向老神仙发出呼救。

老神仙看了看泥像,笑了笑,说:"你要想变成个人可以,但是你必须先跟我试走一下人生之路,假如你承受不了人生的痛苦,我马上可以把

你还原。"泥像不假思索地同意了。

于是，老神仙手臂一挥，泥像真的变成了一个活生生的青年。

老神仙把这个青年带到一个悬崖边。

只见两边悬崖遥遥相对，此崖为"死"，彼崖为"生"，中间由一条长长的铁索连接着。这座铁索桥又由一个个大小不一的铁环串联而成。

"现在，请你从此岸走向彼岸吧！"老神仙长袖一拂，已经将青年推上了铁索桥。

青年战战兢兢地，踩着一个个大小不同的铁环慢慢前行，然而，一不小心，一下子跌入了一个铁环之中，顿时两腿失去了支撑，胸口被铁环卡得紧紧的，几乎透不过气来。

"啊！好痛苦呀！快救命呀！"青年挥动双臂，大声呼救。

"请君自救吧。在这条路上，能够救你的，只有你自己。"老神仙无动于衷地微笑着说。

青年扭动身躯，拼死挣扎，好不容易才从铁环中解脱出来。"你是个什么铁环，为何卡得我如此痛苦？"

"我是失败之环。"脚下铁环答道。

青年继续朝前走。忽然，脚下一滑，又跌入一个环中，被铁环死死卡住。

"救……救命呀！好痛呀！"青年惊恐地再次呼救。

可四周一片寂静，没人回答他，更没人来救他。

这时老神仙再次在前方出现，他微笑着说：

"在这条路上，没有人可以救你，你只能自救。"

青年拼尽全力，总算从这个环中挣扎了出来，然而他已累得精疲力

第一章
有坚强的信念就有坚强的人生

竭，便坐在两个铁环间小憩。

"刚才这是个什么铁环呢？"青年想。

"我是毅力之环。"脚下的铁环答道。

经过一段时间的休息后，青年觉得浑身充满了力量，心中充满胜利的喜悦，他鼓足勇气向着前面的铁环迈出了脚。

一次又一次，他掉进了意志之环、信念之环……无数次的挣出一个接一个的铁环之后，青年已经没有力气再走下去了。抬头望望，前面还有漫长的一段路，他丧失了继续走的勇气。

"老神仙！老神仙！我不想再走人生之路了，你还是带我回到原来的地方吧。"青年呼唤着。

老神仙出现了，手臂一挥，青年便又回到了悬崖边。

"看来你的志向也仅仅是一座泥像的志向啊！人生虽然有许多痛苦，但也有战胜痛苦之后的欢乐和轻松，你难道没看到前面的成功之路么？"

"人生这路痛苦太多，欢乐和愉快太短暂太少了，成功之路太难行了，我决定放弃，还是去做我的泥像吧！"青年毫不犹豫。

老神仙长袖一挥，青年又还原为一尊泥像。"我从此再也不必受人世的痛苦了。"泥像想。

然而不久，一场大雨引发的洪水冲垮了神庙，泥像转眼间被冲成了一堆烂泥。

做一尊泥像确实比做人更容易得多，尽管享受不到人生的快乐和成功的喜悦，但毕竟也无须付出更多的代价。但是，泥像同样要为自己的选择付出代价，放弃不一定意味着脱离了苦难。

在人生中，我们常常无从选择，此处艰难，别处也并不容易，不要认为放弃便海阔天空了。甚至有时候，放弃就意味着失败。

一位著名的推销大师，在一次演说中只说了一句话。但这句话却用了40分钟的时间：

这天，会场上座无虚席，大幕拉开后，人们奇怪地看到舞台的正中央吊着一个巨大的铁球。为了这个铁球，台上搭起了高大的支架。

人们惊奇地望着他，不知道他要做出什么举动。两位工作人员抬着一把铁锤，放在大师的面前。推销大师邀请了一位身体强壮的观众来到台上，请他们用大铁锤去敲打那个吊着的铁球，直到把它荡起来。

年轻人抡起大锤奋力向那吊着的铁球砸去，一声震耳的响声后，吊球动也没动。他用大铁锤接二连三地砸向吊球，很快地他就气喘吁吁，还是未能将铁球打动。

会场寂静无声，这时，大师从上衣口袋里掏出一把小锤，然后开始认真地面对着那个巨大的铁球敲打。他用小锤对着铁球"咚"地敲了一下，然后停顿一下，再用小锤敲一下。

时间就在台上大师单调重复的动作中过去了。渐渐会场开始骚动，人们用各种声音和动作发泄着自己的不满。大师仍然一锤一停地敲着，仿佛根本没有看见人们的反应。许多人愤然离去，会场上到处是空着的座位。

40分钟后，坐在前排的人突然叫道："球动了！"

人们聚精会神地看着那个铁球。那个球以很小的幅度摆动了起来，不仔细看很难察觉。大师仍旧一锤一停地敲着，台上只有那把小锤敲打吊球的声响。

吊球在大师一锤一锤地敲打中越荡越高，甚至拉动着那个铁架子"哐哐"作响。年轻人用大锤也没有打动的铁球，在大师小锤的敲打中却剧烈

第一章
有坚强的信念就有坚强的人生

摆荡起来，终于，场上爆发出一阵阵热烈的掌声。

大师开口了，他说：在成功的道路上，你没有耐心去等待成功的到来，那么，你只好用一生的耐心去面对失败。

只有两个选择，人生就是这样残酷。选择成功，你需要付出巨大的耐心，那是你的不幸，而放弃，你同样需要付出巨大的耐心，但是你面对的是失败。

04 幸运是有限的，
　　不幸却是无限的

　　幸与不幸没有标准，它只是一种心态——无论在什么情况下，只要你觉得自己是幸运的，那么你就是幸运的。

　　反过来，遭受一点挫折，马上大呼不幸，那也只能让你感觉自己更加不幸。

　　如果你把一点点的不幸置于显微镜下面，你甚至会被自己看到的一切吓倒。

　　不幸的感觉只能把你带进绝望的深渊不可自拔。

　　一位将军率船队在海上航行，途中遇上了暴风雨。一名士兵因是第一次乘船，所以吓得不停地狂喊乱喊，大哭不止，让船上的人几乎都受不了，因为这让本来并不担心的人们开始感到了恐惧。将军气恼地想下令把他关起来。

　　这时将军身旁的一位校官说："不要管他，让我来处理。我想我可以

第一章
有坚强的信念就有坚强的人生

使他马上安静下来。"校官随即命令水手将那位士兵绑起来,丢入海中。那个可怜的家伙一被丢下海,手脚乱舞,狂呼救命。过了几秒钟,校官才叫人把他拉上船来。

回到船上后,说也奇怪,刚才歇斯底里大叫不停的士兵,静静地待在船舱一角,半点声音也没有。

将军好奇地问这个校官何以会如此?校官答说:"在情况转变得更加恶劣之前,人们很难体会自身是多么幸运。"

这位校官是位高明的逻辑学家,在他的手中,幸运就像球拍,而不幸则是球——只有"幸运的球拍"才能将"不幸的球"狠狠抽打出去。

这种逻辑又像大海中一个落难的人:海难是不幸的,但怀中的救生圈却让他感到自己是多么的幸运,至于漂到哪里,甚至漂多久都不是问题,因为幸运永远在他怀中——他不会因为方位、距离的变化而失去救生圈。所以即使遭遇海难,他也并不认为自己是不幸的,怀中的救生圈让他相信

自己一定会获救。

从心理自慰的角度讲，无论你陷入什么样的艰难境地，都要想到：还有比这更不幸的，相比之下，我已经够幸运了！

总将自己置于幸运的基点上，会使你永远保持积极的、向上的心态。而积极心态是成功的动力。

另外，如将大海比作死亡或地狱，对于那位惊恐万状的士兵而言，他无疑是到"地狱"走了一遭——如此"大难不死"的经历，让他觉得这世界已没什么可怕的事了，觉得回到船上是无比幸运的。由此可见，失败和挫折给人带来的好处是无法估量的。

一个敢于同死神微笑着说声"嗨"的人，一定会把死神吓跑。因为在死神的死亡名单上，这是一个不受欢迎的人。

如果你经常与失败这个魔鬼过招，还谈何恐惧？

很多成功的人，在这方面可以说是我们学习的楷模。他们那种面对不幸坦然置之，甚至视之为人生财富的态度不禁让我们肃然起敬。

从辩证的角度讲：幸运中隐藏着不幸，而不幸中往往会产生令人羡慕的幸运者。古人有"祸兮，福之所倚；福兮，祸之所伏"的说法，正是此意。

道理非常简单，过多的幸运只会让一个人意志逐渐薄弱，根本经不起不幸的打击，一旦遭遇挫折，只能怨天尤人。

不幸对于幸运儿而言无疑是灭顶之灾，无力抗拒。因为幸运儿习惯了幸运，在他们的生活中，只有一帆风顺、心想事成，他们不认为这也是生活的一部分。他们就像温室中的花朵，失去了抗击风雨的能力。

而不幸对于那些经常遭受不幸折磨的人来说，是家常便饭，常吃这种

第一章
有坚强的信念就有坚强的人生

"不幸饭"的人，意志品质都是超强的。他们清楚地知道，人生不是风调雨顺的，幸运只是偶尔光临。

幸运是有限的，不幸却是无限的。

一个过早透支了幸运的人剩下的无疑是更多的不幸。这其中自有道理：因为你几乎经不起不幸的打击，一旦被击倒，你这个没经过不幸的"魔鬼训练营"调教的人就很难爬起。如此一来，更多的不幸即会劈头盖脸地砸下来。有时候，甚至别人看来不过是个小小的沟坎，也会成为你的生活中难以逾越的高山。

失败的不幸像多米诺骨牌，一旦倒下便不可收拾；成功的幸运却似流星殒石，轻易落不到你脚下。

但是，一个聪明的、有远见的人，一定会懂得正确对待幸运与不幸。沉湎在不幸中不可自拔，只有死路一条；而置身于幸运中不做居安思危的长远打算，后果同样不堪设想。

幸运，傻瓜也会享用。

不幸，却不是什么人都能承受得了的。

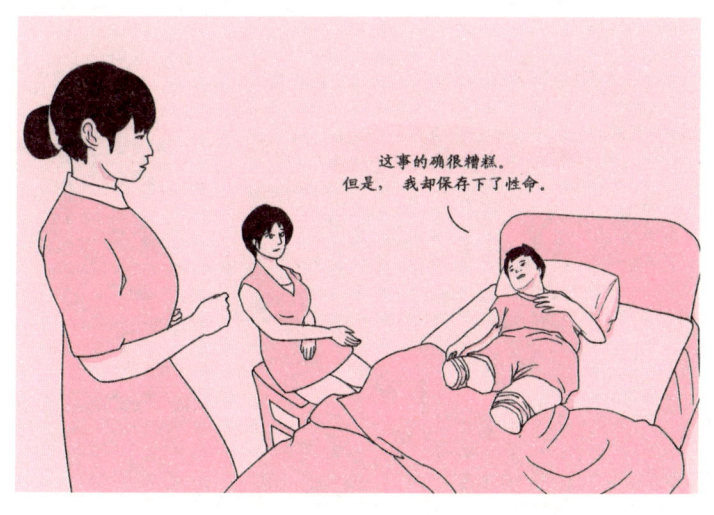

少年时的断腿和青年时几乎被人踩成肉酱的不幸经历,使韦尔斯认识到自己是不幸之中的幸运儿,因为他活了下来。这样,他不但比常人更珍惜自己的生命,而且更懂得利用生命的价值去创造理想,并以理想来支撑自己的生命力。

这是一种活着的艺术。

只有掌握了这种活着的艺术,你才能活得更精彩。

第一章
有坚强的信念就有坚强的人生

05 多坚持一分钟，就会破茧成蝶

蛹死茧中意味着什么？

对于孕育在茧中的生命来说，意味着化蝶的梦想再也不可能实现，所有曾经的努力全部一笔勾销、前功尽弃。当距离成功只差一步之遥时，在最后一道关口前却失去了勇气，只好眼巴巴地与即将到来的成功擦肩而过。

尽管这个目标是你一生的追求，你为它付出了巨大的代价，你追寻多年，但是因为一步之差，已成为咫尺天涯。

如果你在最后一搏时失去了勇气，那么你即使越过了前面的99道关口，也只能为自己留下永久的遗憾。

众所周知，电话发明者是贝尔。他是世界上电话发明专利的拥有者。但很多人不知道，在贝尔之前，莱斯就早已发明出了电话机，遗憾的是，他的那种机器只能传送音乐，是一种玩具式的东西，没有什么市场价值。莱斯在发明了能够传送音乐的电话之后便放弃了，没有对它进行更深入的研究。而贝尔，却在莱斯的理论基础上，发明出了真正可以通话的电话机。

莱斯蛹死茧中，而贝尔却破茧而出。

在开罗博物馆，人们能够看到从图坦·卡蒙法老王墓挖出的众多宝藏。这些宝藏几乎占据了庞大建筑物的第二层楼的大部分，黄金、珍贵的珠宝、饰品、大理石容器、战车、象牙与黄金棺木等让人眼花缭乱、目不暇接。这些巧夺天工的工艺至今仍无人能及。

在人们慨叹这些宝藏的珍奇时，谁能想到，如果不是霍华德·卡特决定再多挖一天，也许这些宝藏至今仍埋在地下不见天日。

1922年的冬天，卡特在工作了好几个月以后，几乎已经放弃了找到年轻法老王坟墓的希望，他的支持者也即将取消赞助。卡特在自传中写道：

这将是我们待在山谷中的最后一季，我们已经挖掘很久了，春去秋来毫无所获。我们一鼓作气工作了好几个月却没有发现什么，只有挖掘者才能体会到这种彻底的绝望感；我们几乎已经认定自己被打败了，正准备离开山谷到别的地方碰碰运气。然而，要不是我们最后垂死的努力一锤，我们永远也不会发现这远超出我们梦想所及的宝藏。

霍华德·卡特最后垂死的努力成了全世界的头条新闻，他发现了近代唯一一个完整出土的法老坟墓。

霍华德·卡特的最后一锤却成了打开成功之门的临门一脚。尽管残酷的现实令他一次次地绝望，然而，他却在这种绝望的苦难中执著地追寻着，到底还是不肯放弃。

事情经常是这样的：成功之门，往往就需要你这最后的垂死一击。这

第一章
有坚强的信念就有坚强的人生

一锤砸下去,你将获得重生,然而,此刻的你可能早已弹尽粮绝,疲惫不堪,更可怕的是,你已经放弃了希望,你不肯相信自己努力下去就是成功。

运动场上往往有这种场面:一个长跑运动员在距离终点线几米的地方跌倒了,爬起来,踉跄几步,他就是冠军;一旦泄气,伏地不动,他连起码的资格都丧失了。

前功尽弃是人生最可悲的。而最后垂死的一锤打造出来的成功是异常壮美的。

记者访问一位事业有成的企业家:"为什么在事业上遇到很大的困难和阻力时,你从来都不放弃?"

企业家说:"你观察过一个正在凿石的石匠吗?他在石块的同一位置上恐怕已敲过了一百次,却丝毫没有什么改变。但是就在那第一百零一次的时候,石头突然裂成了两块。并不是这第一百零一次使石块裂开,而是先前敲的那一百次。"

许多的成功者,只不过是比别人多坚持了一分钟而已。

时间是生与死的永恒主宰，时间亦是成与败公正的裁判。

无论世界上成功的样式有多么丰富，时间总是它的第一大要素。对于竞赛而言，0.01秒之差就决定了冠军的归属。对于事业而言，能坚持十年不懈的人的成功概率就是要比早一年放弃的人多几倍以上。因为这是一种信念比拼的胜利，这种胜利所产生的自豪与自信，会反过来加强他的信念。

一分钟，何其短暂。但它往往就是生与死、成与败的分界线。

几个人被围在沙漠之中，已经两天没喝到水了，为了活命他们决定分头去寻找水源。为了防止走散、迷路，他们约定了如果某个人发现了水或是需要帮助，就向天鸣枪，其他人就会赶来。就这样，每人分发5粒子弹、一把枪，大家便分头行动了。

他们中的一人大约向东走了五公里，便再也走不动了。中午的太阳毒辣辣地舔着地上的一切，沙漠仿佛是一座熔炉。这人心想：快发枪声叫他们来救我，不然我非死在这鬼地方不可。于是，他朝天打了第一枪。

枪声响过以后，这人并没有盼到同伙来救自己，心想：肯定是他们没有听到自己的枪声。于是又向天上开了第二枪。

第二枪响过好一阵子，仍不见有人影，这人开始着急了，心想：他们肯定听见枪声了，可却不来救我，真是见死不救，这一定是个早计划好的阴谋。这人想着，挣扎着朝回走，并向天上开了第三枪。

第三枪响过后，这人加快了往回走的步伐，心里开始咒骂起同伙来。"砰——"这人又放了一枪。

第四声枪响之后，这人已经绝望了，他仿佛看到自己倒在沙漠之中，被凶残的恶狼撕咬着，于是打出了最后一枚子弹。

当这人的同伙带着寻找来的泉水，从四面汇聚到枪声响过的地方时，

第一章
有坚强的信念就有坚强的人生

发现这人早已倒在地上,他把最后一颗子弹射进了自己的脑袋。

其实他只需再坚持五分钟,听到第四枪的朋友们就会赶到了。

人生其实就是一次漫长的坚持再坚持的过程,如果你在人生中失去了坚持的耐心,一路上不断放弃,最终只会一无所获。

多坚持五分钟,也许你就可以破茧成蝶。

06 打破对完美
爱情的迷信

　　如果有人胆敢说：世界上根本不存在什么永恒的爱情，一定会有许多人群起而攻之。因为他们正享受着甜蜜的爱情，并确信自己的爱情将是永恒的。

　　每一个恋爱中的人都相信永恒的爱情是存在的。但要知道的是，这种永恒只限于某季节之内，而决不是人们所期望的那种今生今世、白头偕老，相敬如宾是人生的真实所在，不过，它并非代表所谓的永恒爱情，实实在在地讲，这不过是一种相依为命的婚姻形式。

　　人世间，任何绝对意义上的真爱、永恒都是难以成立的，永恒的爱情，是人们对于理想爱情的憧憬，是一种完美主义的情结在作怪。而真正的完美是不存在的。

　　相信永恒的爱情对你百害而无一利。它使你无法客观地去对待感情之事，无法容忍人性中不可或缺的瑕疵。对爱情完美的挑剔与永恒的非难最

第一章
有坚强的信念就有坚强的人生

终只会扼杀爱情,至少会让爱情失真,逐渐演变成一场虚伪的游戏并以分离而收场。

人生中任何一件事情都没有绝对的完美,爱情也一样。如果你狂热地陷入到对完美爱情的追求之中,只能让你丧失自我,失去判断力。

很简单一种现象:大多数殉情者都是初恋的少男少女。初次涉及爱情,让他们完全丧失了自我,连同世界都不复存在了。对于这种年龄段的孩子们而言,爱情是伟大而神圣的。热恋中的情人根本不敢设想一旦俩人分手,还有什么活下去的理由。当然,他们也决不怀疑他们的爱情是永恒的。所以,爱情的破灭就等于生命的终结。

当然,所谓真爱的经历并不局限于初恋,也许是几次恋爱失败的遭遇，也许是婚后的偶遇。但是，无论如何，人们衷心期待并为之不懈努力的那种完美与永恒是不存在的。

爱情实际上只是一种人生体验，并不是人生的全部。没有必要为了并不存在的永恒而失魂落魄，甚至怀疑起整个世界。

爱情当然也需要永恒——在双方都热情高涨阶段中的永恒。在双方倾心相爱的那一刻，如果懂得珍惜，也就是永恒了。但是季节总是要变换，如果爱情不复存在了，再对它苛求永恒，只能是自寻烦恼。

如果你是一个完美主义者，你就需要在陷入爱情之前，给自己打个预防针，告诉自己理想的爱情是不存在的。

打破对完美爱情的迷信，你才能够坚强。

要知道，遭遇爱情上的不幸，从另一个意义上来说，恰恰是你的幸运。因为它使你有机会去体验更多次爱情的美妙与惊奇。即使你曾经深爱过的人离开，也不过是给你创造了一个重新选择的机会。更好的永远是后面的那一个。

冬天过去了，春天自然会到来。春天虽美，却也不是季节的唯一，夏、秋、冬各有其迷人的诗意与景色。

不必苛求永恒，也不必追求达不到的完美，人间处处都有风景，你只要懂得欣赏就好。

07 信念的力量可以改变一切

纽约州的黑人州长罗尔斯说过:"信念是免费的,人人都可以获得。"

然而,信念却不同于一个篮子里的苹果,只要分过去,大家都有份。信念不是别人分给你的,它因人而异,不同的人有着很大的区别。

比尔·盖茨的信念是建立一个操纵世界电脑行业走向的"微软帝国",而一个叫比利的职员执著追求的最大理想不过是"全家搬进一所新房子"。

在同样拥有信念的前提下,目标的大小和想象力的丰富与贫乏,决定其结果的截然不同。

"想象力操纵世界"是个真理。无论飞机、火箭,或是股市、网络,以及联合国、欧盟等,统统都是人类想象力的结果。人们的想象力在主宰着世界。

想象的能力往往决定一个成功者的分量与质量，而这与他最初的处境、实力并无太大关系。就是说，想象力不会受经济实力以及周围环境的约束。

比尔·盖茨创业伊始只是个穷学生。

当想象成为信念的翅膀时，你的事业便会呈现出一种飞翔的态势。

这世界上只有一种风暴可以在最短时间内席卷全球，那就是——想象力的风暴。

然而，没有强烈持久的信念作动力，你便飞不高也飞不久。

世界石油大王保罗·盖蒂从小不爱读书，父亲很失望。他给儿子500美元："这是给你打天下的本钱。两年内，我每个月只能给你100美元做生活费。"

"我如果赚不到100万美元，我永远不回来！"保罗发誓。

保罗带上简单的行李，踏上东去的火车，只身一人来到俄克拉荷马州的塔尔萨镇。

这里被称为冒险家的乐园，许多人来此挖掘石油，以求一夜暴富。当时，挖掘石油是一个很冒险的行业，你如果发现大油田就会马上成为百万富翁，但是假如接连打了几口滴油不见的干井就只能倾家荡产。保罗环顾四周，一切都很陌生，各式各样的人都在那儿，都为了寻找石油而来。有钱人还建立了石油公司，专门寻找开采石油。同这些人相比，保罗不过是小混混。然而，他却没有被吓倒，决心一试身手。

当时一个已经赚足了钱的石油大王伯恩达吹嘘道："凭借石油发财要靠运气，除非他能闻出石油，即使在3000英尺以下也能闻得出来。"

保罗很不服气，他认为，发现石油是要靠运气，可运气不是坐着等就

第一章
有坚强的信念就有坚强的人生

会上门的，要自己动手去找，才能碰到好运气。

1915年冬季，保罗得到一个消息：有一块叫"南希泰勒农场"的地皮要拍卖。

他怦然心动，不少人都说那块地皮下一定有石油。于是，他马上开车奔赴现场。走了一圈，凭直觉猜测那块地很可能蕴藏着丰富石油，可保罗兴奋不起来，一场激烈竞争是免不了的。保罗想，"公开竞争，我是不会赢的，我只有500美元啊！怎么办，靠硬拼是不行。"

一心要做石油大亨的梦想促使他产生了一个谁都不敢想象的办法。保罗来到他存款的银行，要求派代表替他喊价。他故意神秘兮兮，做出不肯透露谁是真正的买主的样子。在他的游说下，银行的一位高级职员同意到时候和他前往。

公开拍卖开始了，银行高级职员首先举牌，引起在场的人一阵惊讶和骚动。

一些向银行借钱的人不作声了,和银行没有借贷关系的人低声议论,来者不善啊!

最后,那个银行职员——实际上是保罗以500美元的价钱买下了这块地皮的石油开采权,那只是报价的三分之一。

保罗迅速雇人架设起铁架和钻井,钻头开始伸向地下……

一天天地过去了,第二年2月2日,在井的400多米深处,出现一层带有油渍的沙土,这意味着,这口井里有没有油,在24小时内将会揭晓。

第二天,他的油井钻出了石油。

保罗·盖蒂注定会成为石油大亨。因为在激烈的竞争中,他没有被那一群腰缠万贯的大亨们吓倒,更没有因为囊中羞涩而黯然退出。

他要一夜暴富,成为人人敬仰的石油大亨,尽管口袋里只有可怜的500美元投资资金。

500美元买来一个石油大亨,是信念与想象力创造的奇迹。

人生就有许多这样的奇迹,看似比登天还难的事,有时轻而易举就可以做到。其中的差别就在于非凡的信念和想象力。

信念的极致即是世界无极限。

这看似是一句没有科学依据的话。但是,信念就是这样和人类的科学开着玩笑,它有着神奇的魔力。科学是公式化、定律化的,它规定你只能在这个有限的范围内活动。超出这个范围的即被认为是禁区。信念却指引着你从不可能中去发现可能,创造奇迹。

信念是科学发展的原动力。

无论什么样的禁区,包括科学上诸多禁区,破解它的唯一武器就是看似不太科学的信念。

第一章
有坚强的信念就有坚强的人生

禁区之外的努力就像是在别人已挖过的矿井中淘金，即便有所发现，也是收获甚微，而禁区内才是藏珍纳宝的原始地带，也是巨大成功的发源地。

信念可以让你无所畏惧，信念会使你成为一个对诸多禁忌持怀疑论调的人，信念是造就"天下第一人"起码应具备的特质。

一旦你的信念发挥到极致，世界对于你来说就没有了极限。

莱特兄弟坚信人可以飞上天，所以才有了今日的飞机；爱迪生坚信人说过的话可永远留存下来，所以才有了留声机、录放机，等等；帕尔曼坚信被人类称之为禁果的有毒的鬼苹果是可吃的，所以人类才多了一种不可或缺、营养丰富的食物——马铃薯。

法国农学家奥瑞·帕尔曼被德国人抓去做了俘虏。在集中营里，他曾经品尝过马铃薯，自认为其味甘美。后来获释回到法国后，他决定在自己的家乡种植马铃薯。

当时有不少的法国人都极力反对，尤其是那些宗教迷信者，把马铃薯视为"鬼苹果"，医生们也普遍认为种马铃薯会导致土地贫瘠。

帕尔曼怎么也说服不了他们。怎样才能使马铃薯顺利地推广起来呢？

1789年，帕尔曼得到国王的特别许可，在一块非常低产的地方栽种了马铃薯。

春去秋来，快到马铃薯成熟时，帕尔曼向国王请求，派一支身穿仪仗队服的国王卫队来看守这片马铃薯。当然是白天看守，晚上就撤回去了。这样一来，马铃薯成了国王卫队保卫的禁果。对此人们感到奇怪，而且经不起诱惑，每天晚上都有人悄悄跑来，偷挖这些禁果。大家尝到马铃薯的美味后，又偷出一些禁果把它移植在自己的菜园里。

于是，马铃薯便在法国推广开来。

连一个小小的马铃薯问世都要如此大费周折，可想而知，我们的生活中存在着多少虚设的禁区啊！

"宁可信其'行'，不可信其'不行'。"这是许多成功者信念的初衷。

第一章
有坚强的信念就有坚强的人生

08 绝不放过
最后一线希望

人在绝望之际，往往会发现最后一线希望，而且此刻的人，也往往会利用这最后一线希望，达成死里逃生、反败为胜的愿望。

其实很多最后的一线希望，早就存在，只是你平时并未在意。但是，在生死存亡的关键时刻，你对于希望的体会便细微起来，却往往能够把握住这生命里的最后一缕阳光。

最后一线希望常常是极其平凡的：一个朋友，一张纸条，一根木棍或一瓶水。

一位孤身旅游者在大漠中迷失了方向，他口干舌燥，浑身无力，步履越来越艰难，几乎要倒在了如火的焦阳下。在他濒临彻底绝望之际，突然发现衣袋里还有一只梨子。他惊喜地喊道："太好了，我还有一个梨，它能救我的命！"

他把那个梨紧紧地握在手中，继续在大漠里行走。望着茫茫无际的沙海，他很多次对自己说："吃一口吧！"可是转念一想："还是留到最干渴的时候吧！"

于是他顶着炎炎烈日，继续艰难地跋涉。就这样一直坚持了3天，终于走出了大漠。他久久地凝视着手中的那个梨，它早已经干瘪了，可是他还是把它像个宝贝似的攥在手里。就是这一个梨给了他希望和勇气，他才能走出沙漠，挽救自己的生命。

死神喜欢暗无天日的心境，只要还有最后一缕阳光在照射着你，它就会望而却步；绝望的情绪只能在低洼处弥漫，它像晨雾，一旦遇到阳光和清风就会散去。

洪水泛滥之季有一个人掉到河里去了，水流湍急，他被水冲向下游。他拼命地在水中抓，想要抓住什么东西来救自己一命，但是手里抓的除了水，什么都没有。

第一章
有坚强的信念就有坚强的人生

他心想,"这下完了,没救了!"正这样想着,他马上就没有力气了,停止了挣扎,慢慢地向水下沉去。

忽然,他看到在不远处的河岸边有一棵树,树枝一直伸到河水里面,如果他可以抱住那棵树,就还有生还的希望。活下去的希望在他心中重新燃起,于是他使出最后的力气挣扎到那棵树那里。可是伸到河里的那一截树枝早已枯死了,他刚抓到树枝,就听到"喀嚓"一声,树枝断了。

就在这时,救援的人及时赶到,将他从河中救了上来。事后他说:"要不是心中想着那棵树,我根本等不到救援人员的到来!"他看着手中那截枯树枝,感慨地说,"是它给了我生存的力量!"

黑暗中的粒米之光,对一个深陷绝望之中的人而言,无异于一盏指路的神灯。

常在黑暗中生活的人,夜里捕捉目标的能力要比正常人强十倍以上;常在困境中跌打的人,没有一线生机能逃过他的眼睛。

当你把苦难视为苦难,并为此怨天尤人、叫苦不迭时,苦难的数目便会在你的报怨中翻番。

当你把苦难视为一种磨炼,认为它是在造就一个天才、一个强者时,你就会哼出开心的歌并驱淡了苦难强加给你的疼痛。

希望之光就是饥渴之时的半瓶水,窘迫之际的一元钱,逆境中唯一的一个合作伙伴,绝望时刻仅存的一个梦想。

只要你能抓住那最后一根"救命的稻草",未来仍属于你。

一个商人遭遇了一个拦路抢劫的山匪。商人立即逃跑,但山匪穷追不舍。走投无路时,商人钻进了一个山洞里,山匪也追进了山洞里。

在洞的深处,黑暗中,商人被山匪逮住了,遭到了一顿毒打,身上的所有钱物，包括一把准备为走夜路照明用的火把，都被山匪掳去了。

幸好山匪并没有要他的命，劫去他的财物后，山匪就放了他。两个人各自寻找洞的出口。这山洞极深极黑，且洞中有洞，纵横交错。两个人置身洞里，像置身于一个地下迷宫。

山匪庆幸自己从商人那里抢来了火把，于是他将火把点燃，借着火把的亮光在洞中行走。火把给他的行走带来了方便，他能看清脚下的石块，能看清周围的石壁，因而他不会碰壁，不会被石块绊倒。但是，他走来走去，就是走不出这个洞，最终，他力竭而死。

商人失去了火把，没有了照明，他在黑暗中摸索行走得十分艰辛，他不时碰壁，不时被石块绊倒，跌得鼻青脸肿。但是，正因为他置身于一片黑暗之中，所以，他的眼睛能够敏锐地感受到洞口透进来的微光，他迎着

第一章
有坚强的信念就有坚强的人生

这缕微光摸索爬行，最终逃离了山洞。

世事就是这样匪夷所思，看似有着无限优势的劫匪，却因为火把的照明丢掉了性命，而被黑暗包围的商人则抓住了求生的希望。一个在绝境之中始终不肯放弃努力的人，总会得到上帝的怜悯。

一个学者和一个普通人，他们一个喜爱怀疑，另一个讲究实际。他们两个人在一个很黑的夜晚，在森林里迷了路。这是个非常危险的森林，到处是野兽，树木非常茂密，漆黑一团。学者绝望了，他认定自己必死无疑，而那个普通人却不这样认为，他说："总会找到出路的。"

这时，突然来了一场暴风雨，乌云里亮起了一道巨大的闪电，就在这一刹那，学者被闪电吓呆了。他大张着嘴巴，绝望地叫道："完啦！"，而普通人却借助闪电看见了走出困境的路。

09 信念要有持久的耐心做保障

不要相信"一举成功"这种话，因为世界上根本不存在做大事、赚大钱可以"一举成功"这回事。所谓的一举成功，只是一些成功者虚伪的炫辞，因为他怕说出那一箩筐失败的经历会被人耻笑，因为今天的他已非同小可了。

一举成功，就像是黄粱一梦，不过是幻想而已。

不可否认，这世界确有很多一辈子也没跌过跟头的人，即所谓的不倒翁。当你在创业的路上跌了101个跟头，爬起向后看时，他们正在嘲笑你。然而，你却至少落下了他们101步之遥。因为不倒翁的秘诀是：决不向前迈一步。

所以，要向前进取，就要做好摔跟头的准备。

不倒翁，一万年以后仍会保持原地不动。

摩托罗拉创始人保罗·高尔文的创业之路充满坎坷。他在哈佛镇认识

第一章
有坚强的信念就有坚强的人生

的朋友爱德华·斯图尔特是斯图尔特完善反射无线电公司的负责人,已在无线电领域活跃了好几年。他试图邀高尔文和他共图发展。于是,他向高尔文提议办一个蓄电池厂,并像一个传道者一样鼓吹了这个计划。这正和高尔文的设想不谋而合,他立刻同意了。1921年7月15日,斯图尔特电池公司大吹大擂地在威斯康辛州的马什菲尔德成立了。高尔文在工作中一如既往地孜孜不倦。

这种努力的工作给他带来了收益,报纸终于把斯图尔特·高尔文公司称作"马什菲尔德市制造业中最大的工厂之一"。

但是,由于公司的地址选择有误,运费昂贵,加之正好赶上美国全国性的经济衰退,他们的公司倒闭了。高尔文只能打道回府。他和妻子以及10个月的儿子搭乘破旧的汽车返回伊利诺伊。当时,高尔文口袋里仅剩一元五角钱,连供他们途中吃饭都不够。

高尔文不得不四处为人打工。就在他在新的公司步步高升,做了销

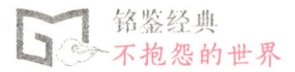

售主管时,爱德华又来找他。爱德华通过他父亲的关系买下了原来斯图尔特电池公司的残余部分,并将厂房搬到了交通便利的芝加哥皮奥利亚街一处房子里。他们感到这次对电池公司扩展销路有了把握,雷厉风行的高尔文立刻答应了斯图尔特的邀请,辞去职务,再次走上和斯图尔特合作办厂的路。

斯图尔特公司的电池业务相当兴隆。1926年,美国的无线电再次有了飞跃性的发展,他们都感到利用交流电而不用电池的收音机出台只不过是时间问题而已。斯图尔特用一种叫替代器的小发明来解决这个问题,这种替代器可以给用完后的电池再次充电。为了购买部件、装配生产线并投入生产替代器,高尔文出资买下了公司的一部分股份。

令他们始料不及的是,公司生产的替代器出了质量问题,退货的人很多,他们的境况又变得不妙。此时,他们立刻将已装运出去的替代器调回来,开始了一个日夜连轴转的工程计划,以排除毛病。但竞争激烈的市场没有给他们时间,顾客们马上投向别的公司。由于资金不畅,行政法官立刻驾临斯图尔特电池公司,将它封闭了。高尔文又一次面临灭顶之灾。

但是高尔文心中并未完全放弃对替代器的希望。他做了一番市场考察后,在公司产品的拍卖会上将替代器买了回来。当时亦有许多商家看好替代器,但他们对替代器的前景缺乏信心,又被高尔文的出价吓倒,最终让高尔文买下了自己倒闭公司的产品。

高尔文用四处筹集的钱终于再次将工厂办了起来。在以后的几年中,公司买卖兴隆,发展迅速。

成功之路,就是这样一点一点走出来的,在前进的道路上,并不是一日千里,有时候,甚至是一寸一寸地前移。

第一章
有坚强的信念就有坚强的人生

美国富豪路维格少年时就一心想成为亿万富翁,但直到40岁时,他也没能实现自己的理想。所以他不得不整天从这个港口跑到那个港口找活干。有时赚钱,有时赔钱,甚至破产。他唯一的家当就是一艘老油船。

按照流行的说法,40岁之前是人成功创业的好时光,过了40岁,再搞什么都没戏了。然而,路维格却不信这一套。他整天都惦记着如何发财,怎样成为亿万富翁。最后,还是老油船给了他灵感。他跑到大通银行,对银行职员说他要借钱。那位职员看了看他的破衬衫领子,轻蔑地问他拿什么来做担保。路维格便搬出了那艘老油船,说他正把船租给一个石油公司,每月的租金正好可以分批还这笔款子。银行还是有点犹豫,路维格便建议把租契交给银行,由银行去跟那家石油公司收租金。

一般来说,银行是不会接受这种非份要求的,但他们看重了那家石油公司的信用,于是就借给了路维格一笔钱。获得了第一笔贷款后,路维格马上买了一只旧的货船,改成油轮后租了出去,再拿着租契到银行贷款,再买船。如此反复了好几年。每当一笔贷款还清之后,路维格便成了一条船的主人。年复一年，路维格拥有了自己的几艘船。于是，他开始搞起航运，但规模还远不能和那些大航运公司一争高下。

路维格需要更多的船，再以这样的速度添船已经很难行得通。于是，他想出一个更妙的主意，既然他能用一艘现成的船来借钱，那为什么不用一艘还没有造出的船来向银行借钱呢？

想到这里，路维格笑了，雷厉风行的他说干就干，立即请人设计了一艘大油轮，然后拿着图纸去找人，愿意在造成之后，把船租出去。很快就有人和他签订了租契。路维格又跑到银行，故技重演。这时，他已经拥有了一支小船队，信用当然也就没有问题了。银行很快借给他一笔钱，并且按照他的要求，同意他在船下水后分期偿还这笔借款。

路维格对借到的这笔钱做了慎重思考：是请人造船，付给他们工资，还是自己成立一个造船公司？他以长远的目光选择了后者。路维格雇了几个造船能手，开始了自己的造船事业。不久，船造好了。又和以前一样，当租金还清了银行的贷款后，路维格便开回一条船，而且还是新的。

路维格就这样不花分文地把一条条新船开进了自己的船队，使自己的财富一天天地增长着，继而发展到借钱租别人的码头和船坞。但人们却看不出其中有什么不合道理的，就连大通银行的一位专家也说：路维格发明了一种创造性的借钱方式。

如果说信心是成功的支柱，那么，它必须由持久的耐心做保障。

路维格的成功经验，为我们提供了一个"只要坚持下去就一定会成功的"典范。

成功其实就是这样一寸一寸地争取来的。

第一章
有坚强的信念就有坚强的人生

10 志向的坐标
   不能随风摆动

世界上只有一种标是随风而动的，那就是风向标。

如果将风向标比作人生，你就会发现它很累，六神无主、无所适从——它永远在风的控制下忙忙碌碌，摇摆不定。

对于像风向标一样生存的人来说，人言、专家的论断、众口铄金的定律、游戏规则以及当下的潮流、市场形势，等等，都是不可抗拒的，他在这些影响下随波逐流，而没有自己真正的方向。

但是拥有自己志向的人，却有着一个不可动摇的坐标。他们有自己的方向，决不会摇摆不定。

信念守恒的人，始终如一，孜孜不倦，他们从不为潮流所迷惑，而是步步为营，永不停步地照着自己的目标努力。

风向标式的人则很容易被人言所改变或击倒。

有个年轻人来到集市上，买了一只山羊，他牵着羊，走在街上。

几个骗子看见了，其中一个对他说："你牵着这只狗干什么？"

"别开玩笑，这是一只山羊。"

他牵着没走几步，迎面又过来一个骗子。

"你为什么牵着狗哇？你要这狗干吗？"

"这是山羊！"他冒火了。

不过，他开始动摇了：会不会真是一条狗呢？他低头看看这只长着黑胡子的东西，狐疑：狗？这明摆着一只山羊嘛！不过……

又走了几步，他听见有人在喊："喂，小心，别让这条狗咬着！"

"天哪，我真糊涂！"这人终于大叫起来，"我怎么会把它当成山羊买来啊！"他信了骗子的话，把山羊扔在大街上了，那几个骗子捉住山羊，吃了一顿烤羊肉。

当然，这是一个故事。但现实生活中常常会有这种情况：你要做一件事，拿到了一个好项目，决定做下去，然而，身边的人一致认为"不保险""不可为"。于是，你相信了他们的话，结果是你把一只肥羊当作瘦狗放掉了。

正所谓众智成愚，当你没有自己坚定的信念，而随别人的意见左右摆动时，只能让很多本来可行的事，莫名其妙地变成了"不行"。

我们生活中有很多这样的人：小学一年级时小小班头儿，中学时的团支部书记，毕业后处长、局长、市长……一路攀升到人生的制高点。

其实他的成长很可能只是源自孩童时老师的一句赞扬。

老师表扬他是："好样的，全班的带头人！"

大人都夸他："这孩子将来一定当大官儿！"

他得到一种来自方方面面的"高标准，严要求"，他知道自己必须做

第一章
有坚强的信念就有坚强的人生

得更好，将来才能"当大官"。

他觉得自己与众不同，有一种矢志不渝的信念，而这信念约束着他的言行，也督促着他的上进心，直到他一步步走向成功。

当一种信念逐渐演化成一种优良的习惯品质时，无论到任何时候，遇到什么样的挫折，他都不会改变。10年，20年，他永远是这个样子积极上进，永不放松。

罗杰·罗尔斯这位纽约州历史上第一位黑人州长，却是出生在纽约声名狼藉的大沙头贫民窟。在这儿出生的孩子，长大后很少有人获得较体面的职业。因为在大多数纽约人的眼中，这里的黑人，不是抢匪就是流氓。然而，罗杰·罗尔斯却是个例外，他不仅考入了大学，而且成了州长。在他就职的记者招待会上，罗尔斯对自己的奋斗史只字不提，他仅说了一个非常陌生的名字——皮尔·保罗。后来人们才知道，皮尔·保罗是他小学的一位校长。

1961年，皮尔·保罗被聘为诺必塔小学的董事兼校长。当时正值美国嬉皮士流行的时代。他走进大沙头诺必塔小学的时候，发现这儿的穷孩子比"迷惘的一代"还要无所事事，他们旷课、斗殴，甚至砸烂教室的黑板。当罗尔斯从窗台跳下，伸着小手走向讲台时，皮尔·保罗尔说："我一看你修长的小拇指就知道，将来你是纽约州的州长。"当时，罗尔斯大吃一惊，因为长这么大，只有他奶奶让他振奋过一次，说他可以成为5吨重的小船的船长。这一次皮尔·保罗先生竟说他可以成为纽约州州长，着实出乎他的意料。他记下了这句话，并且相信了它。从那天起纽约州州长就像一面旗帜，在他的生命中高高飘扬。他的衣服不再沾满泥土，他说话时也不再夹污言秽语。他开始挺直腰杆走路，他成了班主席。在以后的40

多年间，他没有一天不按州长的身份要求自己，并用自己的高尚行为处处影响黑人们的的生活习惯。51岁那年，他真的成了州长。

他在就职演说中说："在这个世界上信念这东西任何人都可以免费获得，所有成功者最初都是从一个小小的信念开始的。"

我国历史上的农民起义领袖陈胜一句"王侯将相宁有种乎"给后人无穷无尽的启迪。两千多年来，不知有多少"没种"的人，在这句真理的鼓舞下，成为了影响一个时代的"王侯将相"。所谓"种"，对于现代人来讲，其实就是一种在信念支配下的精神与行为。

有了这种信念的支持，你的人生就有了恒久的动力，它指引着你走向成功。

第一章
有坚强的信念就有坚强的人生

11 除了你自己，
　 没有人可以判定你是失败者

在这个世界上，没有人可以判定你的失败，除了你自己。

你若认为自己完蛋了，那便确实不可救药了。

只要你还有一口气在，起死回生就不是没有可能。

古今中外，不知有多少成功人士曾经从人生辉煌的巅峰一下子跌入谷底，在并不被人支持的情况下仍然不肯放弃努力，再次向那高高的顶点攀去。例如：香港亿万富豪杨受成几番磨难，不改初衷；曾任英国首相的邱吉尔在被国民遗弃而落选的情况下，经过一番努力，再登首相宝座；摩托罗拉人创始人保罗·高尔文一再失败之后，仍然能够再次奋起。

脆弱的人在遭到失败的打击后，往往一蹶不振，认定了自己不会成功。

而顽强的人却不会就此放弃，无论多么沉重的打击，他总是告诉自己，成功还有机会。只要坚持，下一次就是成功的开始。

很多人把成功的赌注压在了"零失败"上，失败对于他来说，就是事业与志向的终结，他没有胆量再做下一次的尝试。另外，还有一些人在经受了几次挫折之后，豪气冲天地提出个"最后一搏"的口号，他以为这样悲壮的努力必定成功。

但是，"最后一搏"也不一定通向成功。而提出最后一搏的口号，不过是提前给自己铺好了退路，它的潜台词是：这是最后一次了，不成功就此放弃。

追求的道路何其漫长，成功之人，跌跌撞撞很难以次数计算。对于信念守恒者而言，努力不存在最后一次，只有下一次。

世界知名的演说顾问、女高音歌唱家、作家多罗茜·莎诺芙讲过自己一段很不幸的故事：

"离我开始做第一份工作还有几个礼拜，那份工作就是在圣路易市歌剧院做临时女替角，我感冒了，喉咙发炎。我很笨，竟然没有停止排练，结果喉炎就越发严重，最后就失声了。我只好保持安静，希望到圣路易的时候可以复原。但我错了，我的声音还是不对劲，没办法，我还是得按照预定计划，站在舞台上，面对满座的观众，与文森特·普莱斯同台演出。我开口高唱，但没有声音，什么也没有。

"第一份工作就这样完蛋了。于是，我跑去找国内顶尖的喉科专家，'我想你不能再唱歌了，'他说，'你可以说话，但我怀疑你是否还能唱歌。'

"我茫然若失，这是任何一个歌手结束事业的前兆。医生打算给我做声带手术。我很欣赏的一位大都会歌剧女高音就做过这种手术，但她的声音却从此大不如前。不，这等于自毁前程。我不想就此完蛋！除了手术，

第一章
有坚强的信念就有坚强的人生

我还有另一种选择:完全不出声,让声带有痊愈的机会。我就这么办了,四个半月里完全不吭一声,一个字也没说。后来,我被允许悄悄低声说10个字了。之后,被允许用正常的声音说出10个字。回音就像钟楼的钟声一般,令人难忘。

"复原6个星期后,也就是距离站在舞台上没有声音的那个梦魇6个月之后,我成为纽约大都会歌剧试唱的最后人选。如果我还在圣路易工作,就不可能发生这样的事。但从圣路易那次失败后,我变成了纽约市场歌剧院的首席女高音,在13场歌剧演出中,和格特鲁德·劳伦斯合演《国王与我》,并在所有俱乐部里演出,还曾5次出演埃德·沙利文的剧目。

"当我失去声音时,我发誓要学习所有和声音有关的知识,不让我的悲剧降临在我认识的人身上。在这过程中,我学到如何改变说话的方式,例如,降低音量,改变共鸣音等等。我的第二个事业讲演就此展开了。"

这是一个了不起的女性。当医生宣布她完蛋了时,她并不认同。她既要治好病,又要使自己的嗓音丝毫不受损。

她做到了,是因为她不肯承认自己完蛋了。

12 意志创造奇迹

《西游记》,一个文学史上的奇迹,流传时间、普及面及发行量,均属于中国古典名著之首。

几乎所有中国人都知道大名鼎鼎的孙悟空,而且,这与他有无文化、看不看书毫无关系。

在中国、韩国和日本都拥有大批《西游记》迷。

一个奇迹的诞生,绝非偶然,往往在它的背后还有着更令人称奇的奇迹。

作为这部伟大作品的原作者,吴承恩的人生充满了不可思议的传奇色彩。

他创造了人生的两大奇迹:

一是七十而立,从零开始。

70岁之前一事无成,穷困潦倒,孤独一人并无子女后代。

二是大志晚成,80岁完成传奇巨著。

第一章
有坚强的信念就有坚强的人生

72岁始写《西游记》，苦熬8年才完工。

即便是现代人的饮食、卫生保健条件，也很难让一位70岁的老人动笔去写一部书，而且历时8年，直至坚持到80岁高龄。

这简直就是不可能的！

但吴承恩老先生却做到了，并且是在500多年前那种"人生七十古来稀"的古老落后的生存环境下做到的。

七十而立，可谓由古至今天下第一人。

80岁大志晚成，听起来让人觉得是个奇迹。

我们来看看吴承恩的前70年是怎么度过的：

他是江苏省淮安人，自号"射阳山人"。他是个多才多艺的人，除了为考取功名而刻苦读书之外，他更对民间流传的鬼神故事感兴趣，每每听到都要认真记录，留存起来，并讲给别人听。大家都认为他是个才子，将来必会高中。然而，他连考多年仍是名落孙山。这大大伤了他的自尊心，他觉得无颜面对亲朋，只好去外地谋生。

这期间，他试着做过小生意，赔了本；做过几天小县丞，因不会当官，很快丢了乌纱帽；最为令人惊叹的是，当时沿海一带闹倭寇，他一怒之下，招集了千余人组成一支队伍，与倭寇开战。这本来是爱国正义之举，却得不到官方的欣赏，还险担"造反"之名。

转眼便是70年，他细细总结人生，感到了悔恨，风烛残年，一事无成。他想到了自己几十年来的一个远大志向——写一本神话传奇小说，如果再不动手去做，只怕是永无实现之日了。

于是，他收回了漂泊的心，静静坐了下来，开始动笔。这一坐，就是漫长的8年之久。

而支撑着他创造出这样惊人奇迹的力量，就是他的伟大志向：给后人留下一部传世之作。这个志向，使他焕发出无尽的潜能。

一个远大志向不但可以创造事业的成功，也可创造生命的奇迹。

一个小男孩的父亲是位马术师，他从小就必须跟着父亲四处奔波，一个农场接着一个农场去训练马匹。初中时，有一次老师叫全班同学写作文，题目是《长大后的志愿》。

那晚他用心地写了七张纸，描述他的伟大志愿，那就是想拥有一座属于自己的牧马农场，并且仔细画了一张百亩农场的设计图，上面标有马厩、跑道等的位置，然后在这一片农场中央，还要建造一栋占地几千平方英尺的大宅。

两天后，他拿回了自己的作文，第一页上打了一个又红又大的×，旁边还写了一行字：下课后来见我。

下课后他带着作文去找老师："为什么给我不及格？"

老师回答："你小小年纪，不要做白日梦。你没钱，没家庭背景，什么都没有。盖座农场可是个花钱的大工程：你要花钱买地，花钱买纯种马匹，花钱照顾它们。这可能吗？你如果肯重写一个比较不离谱的志愿，我会重打你的分数。"

这个男孩回家后反复思量了好几次，然后征求父亲的意见，父亲只是告诉他：儿子，这是非常重要的决定，你必须拿定主意。

再三考虑好几天后，他们决定原稿交回，一个字都不改。他告诉老师："即使拿个零分，我也不想重写。"

这个男孩长大成人后，一次对来他农场参观的人讲了这个故事。他说："我提起这故事，是因为各位现在就坐在200亩的农场内，坐在占地

第一章
有坚强的信念就有坚强的人生

4000平方英尺的豪华住宅中。那份初中时写的报告我至今还留着。有意思的是,两年前的夏天,那位老师带了30多个学生来我的农场露营一星期。离开之前,他对我说:说来有些惭愧。你读初中时,我曾泼过你的冷水。这些年来,我也对不少学生说过相同的话,幸亏你有这个毅力坚持自己的梦想。"

"我想拥有一座农场"。这便是男孩点燃神灯的"咒语"。在他将这句看似根本不可能的"咒语"念了十几年、成千上万次以后,奇迹出现了——他真的拥有了一座大农场。

这就是意志的力量,它可以创造奇迹。

13 相信自己没有什么事是做不到的

强者，只知道自己能做的事很多。

弱者，却非常清楚自己不能做的事太多！

强者之所以强，是因为心中有着坚强的信念。在坚强信念的鼓舞下，他的意识中几乎不存在什么做不了的事。

弱者之所以弱，是因为他信念不坚定或根本就没有信念。所以面对同一事物，他看到更多的则是自己的负面——我不能！

信念，按中国古老哲学的解释即为气。所谓的人活一口气，所谓的不为名，不为利，只为争口气，就是此意。

强者眼中看到的是成功，弱者眼中看到的是失败。

失败当道，寸步难行；成功在前，无所畏惧。

自信的人站到镜子前，总会说上一句："我真棒！"

第一章
有坚强的信念就有坚强的人生

不自信的人看到镜中的自己经常会感到陌生:"他是谁?"

汤姆·邓普西生下来的时候只有半只左脚和一只畸形的右手,父母从不让他因为自己的残疾而感到不安。结果,他能做到任何健全男孩所能做的事:如童子军5公里行走,他做得不比任何人差。

后来他学踢橄榄球,他发现,自己能把球踢得比别的男孩子都远。他请人为他专门设计了一只鞋子,参加了踢球测验,并且得到了冲锋队的一份合约。

但是,教练却婉转地告诉他,说他"不具备做职业橄榄球员的条件",促请他去试试其他的事业。最后他申请加入新奥尔良圣徒球队,并且请求教练给他一次机会。教练虽然心存怀疑,但是看到这个孩子这么自信,对他有了好感,因此就收了他。

两个星期之后,教练对他的好感加深了,因为他在一次友谊赛中踢出了55码,并且为本队挣到得分。这使他获得了专门为圣徒踢球的工作,而且在那一赛季中为他的球队挣得了99分。

他一生中最重要的一次比赛到来了。那天,球场上坐了六万六千名球迷。球是在28码线上,比赛只剩下了几秒钟。这时球队把球推进到45码线上。"邓普西,进场踢球。"教练大声说。

当邓普西进场时,他知道他的队距离得分线有55码远,那是由巴第摩尔雄马队毕特·瑞奇踢出来的。球传接得很好,邓普西一脚全力踢在球身上,球笔直地前进。但是踢得够远吗?六万六千名球迷屏住气观看,球在球门横杆之上几英寸的地方越过,接着终端得分线上的裁判举起双手,表示得了3分,邓普西队以19比17获胜。球迷们几乎疯狂了。他们被邓普西创造的奇迹震撼了,很多人泪如雨下。因为这个"极限球"是一个只有半只左脚和一只畸形的手的球员踢出来的!

谈到父母,邓普西说:"他们从来没有告诉我,我有什么不能做的。"

身怀如此信念的人,在生活中根本就不会存在"不可能做到"这回事。

如果你觉得自己某些方面不行,即可有意识地去通过一些小事情来证实自己是行的。更有效的方法是:拒绝聆听别人"你不行"的声音,也包括自己的"我不行"。

小提琴家帕格尼尼是一位世界公认的伟大天才。然而,他的一生却充满了无尽苦难。

他4岁时因一场麻疹和强直昏厥症,差一点便被装入棺材。7岁又险死于猩红热。13岁患上严重肺炎,不得不大量放血治疗。40岁牙床突然长满脓疮,只好拔掉几乎所有牙齿。牙病刚愈,又染上了可怕的眼疾,幼小的儿子成了手中拐杖。50岁后,关节炎、肠道炎、喉结核等多种疾病吞噬着他的肌体,后来声带也坏了,靠儿子按口型翻译他的思想。他仅活到57岁,就口吐鲜血而亡。死后尸体也备受磨难,先后搬迁了8次。

生活给他设置了各种障碍和旋涡。但他长期把自己囚禁起来,每天练琴10~12小时,忘记饥饿和死亡。

他3岁学琴,12岁就举办首次音乐会,并一举成名,轰动舆论界。之后他的琴声遍及法、意、奥、德、英、捷等国。他的演奏使帕尔马首席提琴家罗拉惊异得从病榻上跳下来,木然而立,无颜收他为徒。他的琴声使卢卡观众欣喜若狂,宣布他为共和国首席小提琴家。在意大利巡回演出产生神奇效果,他的一曲《魔鬼的颤音》令所有观众为之倾倒,人们到处传说他的琴弦是用情妇肠子制作的,魔鬼又暗授妖术,所以,他的琴声才魔力无穷。李斯特说:"在这四根琴弦中包含着多少苦难、痛苦和受到残害的生灵啊!"

帕格尼尼的成功,让人们看到的是成功的另一面:苦难、残酷,终生都是在与死神病魔搏斗。

死里逃生之后,仍要坚强地站起来,这样,成功才会属于你。

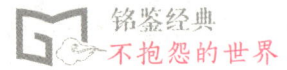

14 再艰难也
不要放弃希望

人与人之所以相同，那是因为大家都是上帝的孩子。生命面前，人人都是平等的，谁也不比谁多一只手，一条腿。

人与人之所以不同，则是因为有些人因志向、信念而坚强，而另一些人则因胸无大志，而退化成软体动物，只能爬行。

选择以平常心处世，是一种明智的选择，但你必须真的达到心如止水、宁静而致远的境界。这样，你的人生才会感到充实，才会快乐。看似简单，实际上却是一种高难的修练，从某种程度上讲，似乎比创业、搏取财富更艰辛。

选择追求与拼搏式的生活，你就必须将生命力全神贯注到这上面来，视成功为生命的全部意义。只有这样，才可能做到百折不挠，奋斗不息。

人生注定要有所追求，无论哪种形式上的成功，都是生命的需要。只有如此，生命才会有意义，才不会因无所适从而枯萎。

第一章
有坚强的信念就有坚强的人生

然而，成功总是与艰难并行，选择成功即等于选择了艰难。如果你认清了这个道理，那么，艰难险阻对你而言就成了家常便饭，无论遇到什么样的艰难，你都不会放弃希望。

一个创业者带着一群人来到中东采矿，但是工人们越往下挖越失望，因为当地都是坚硬的花岗岩石。他们经过两年的辛苦，只换来一大堆破损的器材和挖不尽的坚硬岩石。

他没有找到所希望的矿石，但是那一大片的花岗石却意外地成为附近一个海港所急需的建港材料。

那个海港原来预计要花费大笔的经费从外国进口石材，能够在附近找到合用的材料，他们十分高兴，当即和那个创业者签订了购买石材的合同。

创业者坚持到了最后，从来没有放弃希望，所以，从看似绝境的路途上，走出了一片新的天空。很多时候，我们人生的际遇就是这样，看似山穷水尽，但只要坚持一步，就可以柳暗花明。只要不放弃希望，你人生的乌云总会散去，阳光会给它镶上金边。

一个农场主不慎将一只名贵的金表丢失在谷仓里，他在那里边翻腾了大半天，结果还是没找到。于是，就在农场门口贴了一张告示：凡是找到金表的，奖赏100美元。

面对如此的诱惑，人们纷纷涌入谷仓竭尽全力四处查找，无奈谷仓内谷子堆成山，还有成捆成捆的稻草，想在其中找回金表几乎是不可能的。

太阳落山了，金表还是渺无踪迹。大家费尽心机，一无所获，开始纷纷抱怨金表太小，谷仓太大，稻草太厚。天渐渐暗了下来，更是无法寻找了，于是一个个放弃了100美元的诱惑。

但是，一个衣衫褴褛的小男孩毫不气馁，在人们一个个离开之后，他继续在谷堆里寻找着。他已经整整一天没吃饭了，但是，为了帮助家里解决一点困难，他还是渴望能找到金表，让父母和兄弟姐妹吃上一顿饱饭。

夜已深了，男孩也累了，他躺在稻草堆里想要歇息一会儿。周围静了下来，突然，男孩听到了一个滴答滴答的细微的声音。男孩兴奋极了，他屏气敛息，仔细倾听着谷仓内的声音。终于，他循着声音找到了埋藏在稻草堆里的金表，最终得到了100美元的奖赏。

人生的希望常常不以光彩夺目的形象出现，不能一下子便抓紧了你的眼球，吸引了你的注意，它有时就是那个若隐若现的声音，要耐心去寻找，才能发现。但只要你能够坚持到最后，必有所获。

成功就如同谷仓的金表，早已存在于我们周围，散布于人生的每个角落，只有我们静下心来，执著地去寻找，才能发现。

第二章
如果无法改变世界，那就改变对世界的看法

所谓命运，不过是一根虚设的木桩。悲观的人把自己钉在木桩上哭泣抱怨；乐观的人把木桩劈碎点燃煮饭。

铭鉴经典
不抱怨的世界

01 放任自流的人就会
　　受到命运的惩罚

无论你用多少证据来证明，所谓命运都是绝对不存在的。

人们慨叹命运的时候，往往是遭受了挫折、对自己失去了信心的时候。这个时候，人们不愿意自己千辛万苦把握自己的生活，而是任由看不到的命运来左右自己的人生。

当人们对现实的世界极为不满又无力改变时，便把自己交给了未知和虚无，冥想着自己的一切都有一个伟大的神控制着，自己遭遇的不幸都是注定的，无论怎样抗争都是不能改变的。所以，就顺理成章地任由自己放弃努力。这是一种妥协，是自己亲手制作的牢笼，是不肯努力的借口。

一个不屈服于命运的人，在任何情况下都不会认输，不会放任这样的借口将自己吞噬。要知道：命运只是一种虚无的东西，只有在你连遭挫折、倒地不起时，它才会显得真实并且具有强大的威力。

如果你拒绝它，从不承认它的存在，它不但无法存在于你的意识中，

第二章
如果无法改变世界，那就改变对世界的看法

也根本无法左右你的意志。

那么，到底是什么在决定着你的人生呢？不管你的出身、地位、处境如何，只有一个人能够彻底改变你所谓的命运，只有一个人能够帮助你，那个人就是你自己。

你的教养，青少年时期所受环境与文化的影响以及后来形成的世界观，这些本质的东西，直接影响到你的处世方法、你的所作所为。

如果你是消极的，你就永远无法成功，只能屈从于命运的安排，不管那安排是不是合你的心意。

成功所需要的几大重要因素，均与积极有关：志向、信念、永不言败等。

无法想象一种消极的志向或信念有什么成功的可能。

放任自流的后果即是接受失败的"惩罚"。

习惯最初的形式就像一条极不显眼的蜘蛛丝，它不会给你的行为造成什么影响。因为你如果觉得它妨碍你的视线、干扰你的行动时，只要一挥手即可扯断它。

然而，日久天长，当它汇聚成一股不可抗拒的巨索时，它的力量就可能改变你的命运走向了。这时，你再想改变它，几乎就不可能了。因为它已经塑造了你的行为模式，形成了你的性格。

俗话说：江山易改，秉性难移。

一种好的习惯一旦形成，它会在你不知不觉中将成功拉到你的面前，无需你刻意地避免什么或更多地提醒自己怎么去做。成功的素质亦可解释为一种惯性，有时候它带给你的暗示与督促是不由自主的。

习惯"蛛丝"拧成的巨索的威力，或将你拉上天堂，或将你坠入地

狱。这就是你的命运,但它的制造者就是你自己。

习惯造就性格,性格制造命运。这是个亘古不变的铁打的规律。

从成功学的角度讲,性格应分为三大类:一是成功型性格;二是失败型的性格;三是平常型性格。

1.成功型的性格,在日常工作、生活中的表现

(1)做事认真,有耐心,轻易不会放弃;

(2)凡事往好处想,并执著地去促成好事。不玩"宁为玉碎,不为瓦全"等破坏性游戏;

(3)有目标,遵循看准目标行事的原则;

(4)积极乐观,对事业充满了自信且不会因挫折而丧志;

(5)注重细节,不留隐患,不留尾巴,不拖延;

(6)严格要求自己,自制力强。

2.失败型的性格,在日常工作生活中的表现

(1)学习不求甚解,做事每每出错,经常丢三落四;

(2)待人处事气急败坏,与谁也相处不长,做什么事也干不长;

(3)意气用事,破罐子破摔,满腹牢骚;

(4)悲剧型性格,潜意识中更向往失败——生离死别、浪迹天涯、孤独无助等等;

(5)破坏大王性格,毁灭产生快感,末日兴奋症,向往天塌大家死的完美结局,看不得别人幸福,忍受不了成功的氛围;

(6)白痴情种,纵欲狂,感情动物,等等。

除去以上两种类型,其余的部分便为平常型性格了。

纵观以上罗列,不同性格的人实现性格转换的可能性是微乎其微的,

第二章
如果无法改变世界，那就改变对世界的看法

但并不是绝对不能转变。失败型性格的人，如果真的在一种坚定信念的支配下，经过一番严酷的改造、训练，还是完全可以转变成成功型性格的人。

冬天，有一条蛇在树洞里盘绕着冬眠，而一只蜘蛛从上面垂着一条细小的蛛丝下来，很小心地一圈圈把蛇用丝捆绑住。

它不知疲倦地做下去，天天如此，蛇在不知不觉中被蜘蛛丝牢牢绑着，根本没有任何的反应。

春天来临时，那只蛇发现自己完全动弹不得，活生生地成为蜘蛛的猎物了。

这个小故事，极富两面性。对持有良好习惯的成功者而言，你是那只蜘蛛，对于一个恶习缠身的人而言，你是那条蛇。

成功者，凭着惊人的耐心，孜孜不倦地拉丝缠绕着这条大自己百倍还多的猎物，不可能的现实终于被它一层层的网丝给覆盖住了。

蛛丝对于蛇而言是构不成威胁的，所以，它根本不会在意一只蜘蛛的存在，然而，当这千万条细小软弱的蛛丝汇聚在一起时，它就变成一条钢索。

所谓命运的惩罚无非是一种人生的警示，要求你改变心态，根除不良习惯，成为一个有较强自制力、注重细节并且坚忍不拔、永不放弃的人。

这很难，但对于一个意志坚强的人而言，绝对可以做得到。

02 命运是一根
　　虚设的木桩

有一只小象非常顽皮，不管主人把它拴在哪里，它都会想尽办法挣脱，主人实在拿它没办法，最后只好用了一根坚硬的木桩钉入地上，将它拴在木桩上，不论如何用力都挣不开。从此，它就乖乖地被绑在那里，每天只能绕着绳子的长度转圈圈。

小象渐渐地长大，成为一只力大无穷的巨象，可以拖拉很多的重物，但是只要把它绑在木桩上，它就静静地立在那里。主人甚至只是象征性地随便将木桩插在地上，大象只要稍稍用一点劲，木桩就会拔起，但是这只象却顺从地站在那里丝毫不敢越雷池半步。

我们很多时候都是相信命运的，特别是在遭受挫折的时候，往往将罪责一股脑地归结到命运身上，说穿了，人们所指的命运，其实就是人们自己给自己设置的一根木桩。

命运就是你自己的思维方式与习惯，你的创造能力和你的分析能力

第二章
如果无法改变世界，那就改变对世界的看法

及决断力，还有你的意志、胆识和处世方式等。很多时候，我们自己创造了自己的命运，而不是被命运所创造。千百年来，人们一直自欺欺人地认为是命运创造了人生，并把自己的愚蠢行为统统归罪于命运，这是一个误区。

力大无比的大象可以拔起一棵树，而它却屈服于一根小小的木桩，这不是因为它没有能力改变而是从骨子里就不存在想改变的意识。因为小的时候它曾经试过多次，它认为自己绝对不可能做到拉动木桩，所以，它认定了一根牢牢钉在地上的无法拉动的木桩就是它一生的命运，它再也没有想过要去抗争。在长大以后的多少年来，它试都没有试过一次！

你所屈服的命运其实也不过是一根象征性插在地上的木桩，而你却被牢牢地拴在了那里，动都不敢动一下，那么，你的命运只能是原地不动。

你的木桩，就是你的思维方式和行事的惯性。它让你围绕它打转，永远走不出绳子所在的长度。

在命运面前，不敢越雷池半步的人，无疑将会彻彻底底被命运所降服，永远一事无成。

这就是人往往被命运所限的理由。每想做一件事之前总有至少十条虚拟的可怕后果在吓自己，使你不得不缩回了头去。这些后果就像是可怕的暗礁，让你放弃了行船。所以，你的命运就是原地打转。

无论你想摆脱一种什么样的命运所设下的羁绊，只要鼓足勇气，砸碎头顶那个虚拟的玻璃罩，拉动一下那根拴了你多年的木桩。其实，改变命运就是一念之间。

03 天无绝人之路

信仰是一种精神食粮。人不吃东西就会饿死，对于某些有信仰的人而言，离开了他们依赖的"精神食粮"，他就会无所适从，甚至生不如死。

就"天无绝人之路"这句话而言，信与不信，在关键时候完全会产生两种截然不同的结果。比如：两个身陷绝境的人，其中一个相信"天无绝人之路"并以积极的心态，去寻求生存，而另一个则自暴自弃，从而丧失了求生的机会。

一句话：信则生，不信则死。

信仰往往就这么神奇，由不得你用逻辑以及科学道理去验证它。

信仰有时候只是简简单单的两个字：可能。但这两个字足以改变一个人的一生。

"不可能"让千千万万的人丧失了无数次成功的机会；

"不可能"让许许多多本可以活下来的人，早早死去；

"不可能"是所有不思进取的人最常用的口头禅。

第二章
如果无法改变世界，那就改变对世界的看法

1883年，美国著名桥梁工程师约翰·罗布林雄心勃勃地意欲着手建造一座横跨曼哈顿和布鲁克林的大桥。然而桥梁专家们却认为这个计划纯属天方夜谭，劝他趁早放弃。罗布林的儿子华盛顿·罗布林——一个很有前途的工程师，也确信这座大桥可以建成。父子俩克服了种种困难，在构思着建桥方案的同时，也说服了银行家们投资该项目。

然而大桥开工仅几个月，施工现场就发生了灾难性的事故。父亲约翰·罗布林在事故中不幸身亡，华盛顿的大脑也严重受伤。许多人都以为这项工程会因此而泡汤，因为只有罗布林父子才知道如何把这座大桥建成。

尽管华盛顿·罗布林丧失了活动和说话的能力，他的思维还同以往一样敏锐，他决心要建成这座他们父子俩费了很多心思的大桥。一天，他脑中突然闪现出一个念头，也许用他唯一能动的一个手指可以和别人进行交流。他用那根手指敲击他妻子的手臂，通过这种密码方式由妻子把他的设计意图转达给仍在建桥的工程师们。整整13年，华盛顿就这样用一根手指指挥工程，直到雄伟壮观的布鲁克林大桥最终落成。

这听上去就像一个天方夜谭。

奇迹就这样诞生了，尽管是如此令人难以相信。但信念就是如此创造了奇迹。

法国有一名记者叫博迪，在年轻的时候，他因一场事故导致四肢瘫痪。在全身的器官中，唯一能动的只有左眼。可是，他还是决心要把自己在病倒前就构思好的作品完成。

博迪只会眨眼，所以就只有通过眨动左眼与助手沟通，逐个字母地向助手背出他的腹稿，然后由助手抄录下来。助手每一次都要按顺序把法语的常用字母读出来，让博迪就眨一眼表示正确。由于博迪是靠记忆来判断

词语的，有时不一定正确，他们需要查辞典，所以每天只能录一两页，可以想象他们两个人的工作是多么地艰难！几个月后，他们历经艰辛终于完成了这部著作。这本叫《潜水衣与蝴蝶》的不平凡的书共有150页。

用一根手指点成一座大桥，用一只眼睛眨出一本书。如此这般，这世界上还有什么是不可能的呢。

如果说很多奇迹是置于绝地后的产物，是求生的欲望，潜能的迸发。那就说明了这是我们每个人都具备的能力。可是，我们却很少有人能够平日里产生这种超乎寻常的能力。

这是因为你对潜能与奇迹的信仰还未达到坚信不移的程度。隐约中，你对它的存在、它的威力以及你对它的把握发挥，还持有某种怀疑，总觉得那东西毕竟不是十分真实的。

有一位王子，长得十分英俊，但却是一个驼子，这个缺陷使他非常自卑。他常常想，宁愿不做王子，也不要这个驼背。

老国王非常心疼这个孩子，他决心利用一种"信念疗法"治愈王子的驼背。有一天，国王请了全国最好的雕刻家，刻了一座王子的雕像。按照国王的指令刻出的雕像没有驼背，背是直挺挺的。国王将此雕像竖立于王子的宫殿前。

当王子看到此雕像时，他心中产生一种震撼，老国王对他说："孩子，这就是以后的你，一个挺胸直背的王子！"

几个月之后，百姓们说："王子的驼背不像以前那么严重了。"当王子听到这些，他内心受到了鼓舞。于是，他更加苛求自己的姿态和举动，无论坐、站、行走，甚至睡觉，都要竭尽全力去做到"挺直，挺直，再挺直！"

奇迹出现了，当王子站立时，背直挺挺的，与雕像一样。

第二章
如果无法改变世界，那就改变对世界的看法

他在一个坚强的信念支撑下，努力去改变自己。而老国王、百姓们的要求和鼓励，更是对他极大的鼓舞。

所以，他最终实现了自己的愿望。

王子对于自己未来的样子丝毫没有怀疑，他确信自己会成功，所以，他成功了。

事情往往就是这样的：说你像他，你就有可能成为他。

如果你没有受到这样的鼓励，也没有关系，你可以自己鼓励自己。

好莱坞大导演斯皮尔伯格从未声称自己崇拜过谁，因为他崇拜的是一种高尚的职业大导演。他要成为最优秀、最杰出的大导演，在他没有偶像之前，他确认也许那个人就是自己。

从17岁起，他便按着一位大导演的模式要求自己，无论穿着打扮、言谈举止及对艺术的追求，一切都要做到与众不同。

经过20年的努力奋斗，他终于成为了当今世界堪称第一的大导演。

榜样的力量是无穷的，它足以改变你的人生。

一个四十几岁仍一事无成的男人，被各种倒霉事紧紧包围着，破产、离婚、失业……他不知道自己活着还有什么意义。他觉得自己都有点瞧不起自己。

一天，他百无聊赖地在街上闲逛，横穿马路时根本就不往两边看。心里不停地想着：这么多车跑来跑去，怎么就没一辆肯撞我一下呢？

他看到一个吉普赛人在街头算命，便大咧咧地走了过去。

"算命吗，先生？"

"算命？我的命根本不用算，我是世界上最大的倒霉鬼！"

"怎么能这么说呢？先生……"吉普赛人趁他犹豫之际已将他的手抓

到了掌中。看了几眼之后，吉普赛人两眼一亮，大声说，"哇，你是个伟人，很了不起的人物呢！"

他不以为然。

算命人平静地问道："你知道你是谁吗？"

"我，我当然知道我是谁！"他差点脱口而出"我是个穷光蛋、倒霉鬼，是个可怜的被遗弃者"。但他到底还是忍住了，顺嘴胡诌道，"我是拿破仑！"

"天呐！"吉普赛人击掌跳起。"太神奇啦！你竟然知道自己是拿破仑转世？这几乎是不可能呀！"

"你说什么？"轮到他惊讶了。

"没错，你是拿破仑转世！你体内流着他的血，还有他的勇气和智慧……你难道从来没有发现，你长得很像他吗？"

"像谁？"

"拿破仑啊！"

"不会吧？"他有些狐疑，"可我，破产、离婚、失业……"

"拿破仑成功之前比你遭受的苦难多几倍啦！过去的已过去，五年之后，你将成为法国最成功的人士，因为你是拿破仑的化身，无人可以与你相比的！"

离开那个算命人，他忽然产生了一种从未有过的伟大的感觉。他快步如飞地赶回家，找出所有与拿破仑有关的书，如醉如痴地读下去。他不再抱怨，也不再怀疑自己，渐渐的，他发现周围的环境开始改变了，朋友家人，都换了另一种眼光来待他。

13年后，55岁的他，成了法国赫赫有名的亿万富翁。

第二章
如果无法改变世界,那就改变对世界的看法

其实一切都没有变,改变的恰恰是他自己,他的言行,他的思想,他看世界的眼光。

04 把命运抓到手中才是最可靠的

凌晨三点钟，一位绅士就不停地敲着酒店的门，酒店主人从楼上窗口看出来，十分生气地说："你给我滚开，不管你是谁！这会儿不开门，你别想喝到酒。"

绅士说："谁稀罕你的酒？我是拿我的拐杖来了。你们关门时，我忘记带它了。你知道的，我走路不能没有拐杖，这全世界人都知道的。现在我要回家了，所以请把我的拐杖还给我！"

其实，他把拐杖忘记在酒店里之后，整个晚上都在镇上四处游荡。现在，他想要回他的拐杖，因为"全世界都知道我走路不能没有拐杖"。

这个人无疑是可笑的，他并不知道自己可以独立行走，一旦恢复意识，他就要重新依靠自己的拐杖。

很多人的遭遇与他极为相似，一生依赖拐杖，以至于忘记了自己的双腿应有的功能，离开拐杖，便不会行走了。在这些人的成长的过程中，遭

第二章
如果无法改变世界,那就改变对世界的看法

受了外界的批评、打击,于是奋发向上的热情被自我设限压制封杀,从而导致对失败惶恐不安,甚至习以为常,丧失了信心和勇气。在他们的人生中没有自强自立,只好依赖拐杖度日。

要知道,曾经的失败并不意味着永远的失败,曾经达不到的目标并不意味着永远达不到,你只有放弃手中的拐杖,才能大步迈向人生的目标。

有这样一个故事:穆拉·纳斯鲁汀先生是一位很有灵气的作家,看上去一副风流倜傥的样子,很惹周围女人们的喜爱。婚后15年,他终于因爱上一个比自己小许多的姑娘而同妻子离婚,落得个一无所有。他并不在意,因为他天生是个情种,只在乎爱情,其他一切均不放在心上。他携这位姑娘出外闯荡,在孟买开设一家小公司,是那种经营出版、发行图书刊物的公司。虽然他懂这方面的业务,但他讨厌经营。于是,他把公司里的一切交给了女友,自己在家写书。几年后,公司有了些发展,女友赚了些钱,而他的作品却没人认可。这时,女友认为他无能,提出分手。他带着

绝望的心情离开了那位女友，甚至连死的心都有了。经过一番垂死挣扎，他的一位旧友要他去公司帮忙，工资不菲，与此同时，他又有了新的所爱，一位心地善良的公务员。这就像他生命里的一点微光，拯救了他。几番磨难之后，他觉得无论如何也不能失去这一副"拐杖"了，不然的话，他简直没有办法再活下去。

但是，让他没想到的是，他几乎是在同时丢失了工作和新女友。

他真的想一死了之。他不止一次对自己说：纳斯鲁汀先生，你无法再活下去了，死吧，去死吧！

毕竟，死也不是件容易的事。他靠朋友的接济，四处找工作，几乎跑遍了整个孟买，也没找到一份适合自己的工作。这时，纳斯鲁汀真正意识到自己老了，他再也不是那个风流倜傥的知名作家了。他开始重新审视自己的生活，第一次意识到自己应该像个真正男人那样立志发奋。于是，他开始了刻苦努力的创作，终于他的努力得到了回报，一下子签定了几本书的写作合同。

从此，纳斯鲁汀先生再也不相信什么"拐杖"了，他只信奉：把命运紧紧抓在自己手中才是最可靠的！

没有什么拐杖是你能够永久依赖的，命运要靠自己把握。倒下去必须重新爬起来才能够寻求自立，大步向前。只把命运紧紧抓在自己手中才是最可靠的，无论对待爱情还是事业。

第二章
如果无法改变世界,那就改变对世界的看法

05 给自己一个坚持理由

人们有一种错误的认识:每一个人都对自己的人生持有明确而又坚定的理由,他们都非常清楚自己活着的目的、作用与价值。其实不然。

很多人仅仅是为了活着而活着,他们说不出更多真正的人生理由。

如果你只是想碌碌无为地度过一生,你的人生是为了活着而活着,那你没有人生理由也无可厚非,但是,如果你想要出人头地,你就需要有自己明确的理由,需要付出超出常人十倍、百倍的努力,否则,你那只是空想,最终什么也不会得到。

一个人成功的一生,需要一个坚强的理由。

因为人生,没有毫无理由的成功,只有毫无理由的失败。

一个成功事业的获得者,必然是一位完美理想的实践者和信念守恒者,无论遇到什么样的困难,陷入什么样的艰难境地,他都会坚强地站起来。他有一个坚强的理由:我必须成功,那是我唯一的出路。

生命力就是这样一个东西："当你将它闲置，它就会越发懒惰，巴不得永远安息才好；当你充分利用它时，它很少会出现令人不满意的状态，即使你将他调动至极限，它亦不懂拒绝；特别是在你把事业的重任放到它的面前时，不必你去提醒，它便会极力地去表现自己。"

只要你给自己一个理由，你的生命就会变得坚强。

一个灵魂对上帝说："您派给我一个最好的形象，我将永远崇拜你。"

上帝仁慈地回答："好，你准备做人吧，这是世界上最好的形象。"

灵魂问："做人有风险吗？"

"有，激烈的竞争、成败、贫富以及勾心斗角、残杀、诽谤、夭折、瘟疫……"

第二章
如果无法改变世界，那就改变对世界的看法

"另换一个吧？"

"那就做马吧！"

"做马有风险吗？"

"有，受鞭打，被宰杀……"

"唉，请再换一个吧。"

"老虎？"

"老虎！老虎是兽中王，他一定没风险。"

"不，老虎也有风险，经常被人猎杀，濒临灭绝……"

"啊，上帝，我不想当动物了，植物总可以吧。"

"植物也有风险，树要遭砍伐，有毒的草被制成药物，无毒的草人兽食之……"

"啊，恕我斗胆，看来只有您上帝没风险了，我留下在你身边吧？"

上帝哼了一声："我也有风险，人世间难免有冤情，我也难免被人责问，时时不安……"说着，顺手扯过一张鼠皮，包裹了这个灵魂，将它推下界来："去吧，你做它正合适。"

从此，这个灵魂就变成了一只名字叫米兰多拉的老鼠。

米兰多拉坠入人间之后立即叫苦不迭，悔恨交加。这叫什么世界啊？黑漆漆一片，又脏又臭，一群令人恶心的小动物在腐败的垃圾中蠕动，争抢着一块块烂菜叶子，臭哄哄的鱼骨……

它胃中翻腾，呕吐了起来，这时一只小老鼠走过来，问它："你是新来的，叫什么名字？"

"我叫米兰多拉。"它看看这个陌生的同类，问道，"你们是什么？"

"哈哈，你连自己是什么都不知道？傻瓜！"小老鼠走开了。

这时，它才看清楚自己已经完全跟那些动物一模一样了。

它感觉到饥饿，可是看看那些臭东西，它宁愿饿死，也不想去吃。两三天以后，它饿得倒下了，奄奄一息。这时，那只小老鼠又出现了。

"你为什么不吃东西？"

"太恶心了！你们怎么能吃那腐烂发臭的东西？"

"为了活命啊！老鼠之所以生命顽强，千百年一直未被人类消灭，就是因为我们可以在任何一种恶劣的环境下生存。这是鼠类的骄傲啊！"

"我宁可饿死，也决不……"

"你以为饿死很英雄好汉吗？你也看到这里的竞争形势了，如果你失去了反抗能力，大家会把你当作食物活活吃掉的。"

"什么？吃我！"米兰多拉像遭了电击一样，跳了起来。

在小老鼠的引导下，它终于开始寻找东西吃了，开始吃得不多，时而呕吐，后来它渐渐变成了一只强壮的、无所不食的大老鼠，并成为了这个脏水井下面的鼠王。

"上帝是有道理的。"米兰多拉每每想到自己和上帝讨价还价时的情景，不无感慨地说，"对于一个什么都不敢去做的软弱灵魂，让它做一次老鼠之后，下次无论做牛、做马还是做人，都将是最优秀的！"

这不仅仅是一个童话，从某种意义上说，这就是残酷的现实。

适者生存，优胜劣汰。在这样的生存环境下，你必须给自己一个坚强的理由。

当年，在拿破仑率领大军，拉着笨重的大炮以及小山一样的弹药、装备，穿越阿尔卑斯山时，在敌对的英国人和奥地利人那儿看来是绝对不可能的。

第二章
如果无法改变世界，那就改变对世界的看法

也正是在这种绝对不可能的条件下，法兰西大军如同天降，让敌人在不敢相信、目瞪口呆的情况下溃败如山倒。

当你的人生有了一个坚强的理由，你就会所向披靡。这个理由看似简单，但勇往无敌。

06 别让阅历成为
     自己的枷锁

　　从前，有一种百脚虫。顾名思义，它有100条腿，用100条腿走路。它轻松地驾驭着它的一百条腿，娴熟而自然。

　　一只狐狸十分好奇，它不知道百脚虫是怎么做到的，在它看来，驾驭四条腿已经是一件很繁琐的事了，而想一想100条腿，光是数也要数半天呢。于是，狐狸喊住了百脚虫，说："等一下，我有个问题。我想知道你那么多条腿，到底是怎么走的，你怎么知道哪条腿跟哪条腿？100条腿！你走得这么娴熟，这简直就是奇迹。"

　　百脚虫说："我这样走了一辈子，可从没想过这个问题，你给我一点时间想想。"

　　于是它闭上了眼睛，开始思索自己到底是怎么走的。它第一次发现用100条腿走路非常难，简直不可能。它跌倒了，因为怎么可能操作100条腿呢？

第二章
如果无法改变世界，那就改变对世界的看法

狐狸嘲笑道："我知道这必定很困难，我事先就知道。"

百脚虫开始哭泣，它含着眼泪说："以前这一点也不难，但你弄出了问题。现在我再也不会走了。"

可怜的百脚虫，它一直是坚强的，它根本没有一点问题，它走动，它工作，每一件事都很顺利，因为从来没有人质疑过它。

可是问题出现了，别人说它不行，所以，它真的不行了！

这是一则寓言故事，但简单的故事中给我们说出了一个深刻的道理：语言操纵着世界。

有时候，你的学识、阅历会成为你的枷锁。因为它们清清楚楚地告诉你不行，你便深信不疑，于是，你在不经意中就已经给自己套上了一个难以打破的枷锁。你不曾尝试就确信自己不行，你不怀疑自己的经验，而是怀疑自己的能力。那些腐蚀性的语言有着巨大的摧毁力，成为你人生路上难以逾越的障碍。

社会发展至今，人类已经变成了一种纯粹意义上的精神动物。

精神主宰一切，包括自己的身体、行为、语言和社会活动方式。

然而，精神在产生志向、信念的同时又倍受语言的制约，不管是自己还是他人的语言，都会对你造成一定的影响。

一个人的精神崩溃了，往往身体也会随之垮掉。大家都明白苦闷、绝望会直接造成心脏、肝脏、脑血管疾病，以及癌症等等。

语言对于精神动物来说，具有极大的魔力。

有一个半聋的男孩放学回到家中，哭着拿老师转交的字条给妈妈看。

老师在纸条上写着："由于你的孩子太笨，根本不能学习，甚至还拖累了全班的进度，为了大家好，希望你的孩子能自动退学。"

这孩子的母亲看完纸条的内容后,难过极了,不禁伤心落泪。但随即她又振作起来,她坚定地对自己说:"我的儿子绝对不笨,不会不能学习,老师不教,我自己来教。"

经过这位伟大母亲的亲自教育,这位被老师认为太笨而无法学习的男孩,多年后,成为一位伟大的发明家。

他不但发明了电灯,而且陆续发明了放映机、留声机及其他1000多种的产品。他就是爱迪生。

如果当初爱迪生的母亲认同了那位老师的说法,一个伟大的天才也许就这样轻易地被埋没了。

可见,积极向上的激励式的语言,就是一种价值的创造。

行与不行,往往是人自身的一念之差。但正是这一点点差别,成败即分。

对于一个意志软弱者而言,他不肯相信自己行,而别人说他不行时,

第二章
如果无法改变世界，那就改变对世界的看法

他却绝对不予怀疑。

但对于一个意志坚强的人而言，别人越是说他不行，他越是觉得自己行，肯定行。因为他的骨子里只有我行，这是谁都改不了的，包括一次又一次的失败打击。

潜在的才能，就像过去那种手压抽水井的原理：你冲上去就压，它"哧哧"地空响，就是不上水，往里边灌上水，再压，水便源源不断地流出来。

只要你有坚强的意志，就等于给抽水井中加入了水，接下来就是要向着成功努力了。

一辆马车陷进了乡间的小路的泥坑里，车夫很生气，看看泥坑，便骂了起来。他骂泥坑，骂马，又骂车子和自己。最后，无奈之中，他只得向天神求助。

车夫恳求道："老天爷啊！请你帮帮忙，把我的车从泥坑中推出来吧，这对你来说应该是举手之劳。"

刚祈祷完，车夫就听到神从云端发话了："神要人们自己先动脑筋、想办法，然后才会给予帮助。你先看看，你的车困在泥坑里是什么原因？为什么会陷入泥坑？拿起锄头铲除车轮周围的泥浆和烂泥，把碍事的石子都砸碎，把车辙填平，你不自己尝试一下怎么行呢？"

"这太难了吧？"

"没问题，你行的"。

过了一会儿，神问车夫："你干完了吗？"

"是的，干完了。"车夫说。

"那很好，我来帮助你。"天神说，"拿起你的鞭子。"

"咦，这是怎么回事？我的车走得很轻松。谢谢你。"

自助者天助，正是此意。只要你告诉自己你行，你就会在这种积极语言的引导下，一步步向成功迈进。

第二章
如果无法改变世界,那就改变对世界的看法

07 让志向的心灯
永恒不熄

在中国历史上,三国时期的诸葛孔明,神机妙算,一直被我们奉为千古第一人。除了"草船借箭""空城计"这些家喻户晓、令人拍案叫绝的计谋之外,孔明的死,也一直是一个千古之谜。没有人知道,孔明的死是他计谋之外的一个意外,还是他为自己设计的最精妙的计谋之一。

对于他的死,人们一概不问青红皂白,统统归罪于有谋反之心的魏延身上,因为是他一脚踢翻了牵系孔明生死的那盏灯。

可是,谁又能知道这一切是不是孔明事先安排好的呢?那么大一盏涉及到丞相性命的"本命灯",置于那么庄严肃穆的法事大帐中,法事一直进行了六天之久,就在最后一刻,魏延却偏偏扑灭了它!这仅仅是个巧合吗?

诸葛孔明的一生,城府太深,行事过于神秘莫测。他谈笑之间就能够决胜千里的计谋令人不得不折服,但是人无完人,他毕竟不能够未卜先知,他也同样会犯错。

作为军师,他风光了一世,但作为丞相,特别是刘备死后托孤,独揽朝政大权的他不顾国弱底薄,执意"五出祁山,寸土未得",反而劳民伤财,损兵折将。这一切,足以让他的一世英名光芒黯淡,而且全国上下怨声载道。

他,一个被神化了的凡人,为功名所累,急于求成却屡遭重创,眼见大势将失,使得他心灰意冷。而且,长年征战也耗尽了他的精力,在他生命的暮年,曾经的远大志向也渐渐破灭,他无力回天。

所以,当他在军营中操劳过度,昏厥醒来之后,"夜观天相"即认定

第二章
如果无法改变世界，那就改变对世界的看法

"吾命在旦夕矣！"接着便是著名的"五丈原，诸葛禳星"，六夜后，魏延莽撞扑灭了那盏承载着众人希望的灯。

一句"生死有命"成为诸葛孔明辉煌一生的最后无奈的解脱，他对魏延并无半句责怨。

他给自己划上了圆满的句号：在战场上殉职，"鞠躬尽瘁，死而后已"。他用这样一种近乎悲壮的死，成就了他神秘的一生，令人肃然起敬。

逝者已去，我们即使存疑，也毫无亵渎这位伟大智者的意思。我们不过是想借这个故事，来说明一个道理：即使是伟人，是能掐会算的大谋略家，也难逃脱灯灭人亡的结局。灯，并不仅仅是那盏点在大帐中的长明灯，更是一种信念，是一个人赖以支撑的志向。

诸葛孔明之死，并不仅仅是肉体意义上的死亡，更是他壮志难酬的无奈，当他对自己的雄才伟略彻底失去了信心，他已经从信念上死去了。

生命是极为脆弱的，这种脆弱不完全表现在生死上，更多的时候，它需要一种信念和目标来支撑，只要有了这个目标，生命便会产生一种力量，就是我们所说的信念的力量。

一旦目标不见了，力量也会随之消散，无法凝聚。如此一来，生命的意义也渐渐淡化。因此，我们在遭受挫折、陷入绝望的时候，并不觉得死亡有什么可怕甚至隐隐约约期盼着它的到来。

所以，我们大可这样认定：

生命这只船如果失去志向的罗盘，任其漂泊的结果无非是触礁、搁浅或沉没。

作为生命主体的人，其实是被志向引导着前进。

如果说诸葛孔明的死有许多神秘色彩，不过是我们的猜疑的话，那么

西楚霸王项羽的故事一定会让人对此深信不疑。

秦朝灭亡以后,项羽和刘邦为了争夺天下,开始了长达四年的征战,历史上称为汉楚相争。

当时,项羽手下一支最精锐、也最受他信赖的部队,是他和叔叔项梁在吴中(今江苏吴县)一带组织的八千子弟兵。这些子弟兵中有许多是他们的好朋友,十分勇敢善战。项羽就是以这八千精兵为基础,逐渐发展成一支强大的队伍的。

根据当时形势来看,项羽兵力强于刘邦,本来可以打败刘邦的,但他没有知人之明,刚愎自用,骄傲轻敌,结果在垓下中了刘邦手下大将韩信的埋伏,吃了一个大败仗,手下的10万名楚兵死的死,逃的逃,最后只剩下八千江东子弟兵守着他。

项羽在四面受敌的情况下,带着江东子弟兵突围,往南逃到了乌江。这时,前有浩瀚的乌江,后有韩信的追兵,而他的身边,只剩下28人了。在这危急的情况下,乌江亭长撑着一只渡船靠岸,对他说:"江东虽小,

第二章
如果无法改变世界，那就改变对世界的看法

但仍有千里之地，还可以在那里称王。现在只有我这里有船，你赶快过江，汉军就是追到，也是无法过江的。"

可是项羽不肯上船，他苦笑着说："这是老天叫我死，我怎么能渡江而走呢？况且当初我带领江东八千子弟渡江西进，如今没有一个人活着回去。即使江东父老可怜我，宽恕我，我有什么脸去见他们呢？"说完，他把自己的乌骓马送给亭长，表示谢意。当汉军赶到，项羽又连杀数十人，才在乌江边自刎而死，年仅31岁。

后来，唐朝诗人杜牧有一次来到项羽自杀的乌江边，想起项羽和他的八千子弟兵的英勇和失败，十分为项羽惋惜，认为项羽当时如渡江而去，也许还有机会卷土重来，于是在乌江亭上题了一首诗，其中有两句是："江东子弟多才俊，卷土重来未可知。"

诗人杜牧是无法体会当时西楚霸王项羽的心境的，所以，他为项羽的乌江自刎感到可惜。可是，对于当时的项羽来说，他心中的灯已被自己的惨败扑灭了，即使能够得以逃生，东山再起，对于他这样一个大英雄来说，根本是不屑一顾的。他成就了自己一个悲壮的英雄美名，不屑于苟且偷生，他的所作所为，要顶天立地，生为人杰，死为鬼雄，他无帝王之志，不肯为此忍辱负重。即使末路，他也要像个英雄一样死去。

于是，当志向破灭了，生命也便陨落。

心灯不亮，黑暗中自然会出现各种吓人的鬼。它们不厌其烦地说你不行。因为它们明白，一旦你将心灯点燃，它们将失去了藏身之地。

志向的明灯具有驱邪逐鬼之力量。另外，它更会让你看清自己的能力，告诉你自己你一点也不比别人差！

心灯当然要由自己来点燃。

但是，有时你根本不知它的存在，手中也没有掌握点灯的火种。

大多数人，都是因为既不能自我点灯，也没能碰上可以给他点灯的人，所以，才在碌碌无为的迷茫中虚度了一生。

能碰上一个给你点亮心灯的人，是你人生的大幸事，但不是谁都有这种幸运的。

难以把握机遇让众多的人眼睁睁地看着成功与自己擦肩而过，从此一去不回头。无奈，感叹自己与机遇无缘。

而机遇并不一定来得多么隆重。它有时不过是一句轻描淡写的话语，一个微笑或一次予以肯定的点头，所以它有时让你并不在意。

然而，你的心灯却从此被点燃了。这时，你才会如梦初醒。

情况往往是这样的：你有才能，有顽强拼搏的精神，也有想干点什么的欲望，然而，它却像一堆闲置在地上的干柴，只要擦上那么一点点的火星，它便会"轰"地燃起。你的生命迫切需要一个点亮心灯的人。

皮尔·卡丹出生于意大利威尼斯一个商人家庭。

第一次世界大战毁灭掉了他父亲的生意，一家人被迫迁居法国。母亲没有工作，父亲无力东山再起，全家的重担都落在17岁的皮尔·卡丹的肩膀上。

他在一家红十字会打工，靠着勤奋和聪明，他当上了一名小会计，但会计的收入很低，根本就应付不了一家人的生活开支。

他就连一件像样的衣服都买不起，所以只好自己做。好在他有裁剪的爱好，做出来的衣服还能穿。

愁闷的他下班后在一个小酒吧喝酒，心里盘算着自己的将来。

这时，一位衣着华贵的伯爵夫人坐到了他的旁边，并和他说话。

第二章
如果无法改变世界，那就改变对世界的看法

"你身上的衣服是从哪儿买来的，做得很不错。"

"我自己做的。"

"自己做的！"伯爵夫人显然很吃惊，但她肯定地说，"孩子，努力吧，你一定会成为百万富翁！"

"我的衣服做得很不错，我一定会成为百万富翁！"受到鼓励的皮尔·卡丹兴奋极了，他心头的阴云立即消散了，因为还从来没有一个人这样评价过他，何况，眼前还是一位有地位、有身份的贵夫人。

1950年，坚信自己能够成为百万富翁的皮尔·卡丹租了一间简陋的门面，开了一家服装店。就在这一年，他为著名影片《美女与野兽》设计了剧装，并且为此办了一次服装展示会。

从此，皮尔·卡丹的事业步入快车道，一步步向他的目标迈进。

1974年12月，美国《时代》杂志封面刊登了他的照片，并称他为："本世纪欧洲最成功的服装设计师。"

如今的皮尔·卡丹，早已超越了百万富翁的目标。在世界五大洲的80多个国家里，有600多家工厂在按他的设计制造"皮尔·卡丹"牌服装和"马克西姆"牌的各种产品。他拥有5000多家专卖店，年营业额超过100亿法郎。

一句话，燃起皮尔·卡丹成为百万富翁的熊熊大火。这场大火逐渐蔓延，以至燎原整个世界。

如果他没有与贵夫人的那次偶遇，他，皮尔·卡丹，现在可能只是一名退休的老会计师——与拥有亿万资产的国际服装设计师相差十万八千里。

心灯的点燃，就是你人生希望的开始。

第二章
如果无法改变世界，那就改变对世界的看法

08 摆脱厄运的办法
　　是不向它认输

　　第二次世界大战中，一位美国海军军官在一次战斗中身负重伤，双腿无法站立。为了挽救他的生命，舰长派一个海军下士驾小船将他送往战地医院。在黑暗中，小船漂流了4个多小时，不幸迷失了方向。掌舵的下士失去了信心，要开枪自杀。正在流血的军官却很镇定地劝说他："你别开枪，我有一种神秘的预感，我们一定能够靠岸。千万不要放弃，绝望的时候更需要一点耐心！"那位下士被他的话所打动了，他缓缓放下了手中的枪。

　　话音刚落，突然向敌机发射的高射炮火光冲天，他们发现小船离码头不远了。

　　与其说是高射炮的火光救了二人，还不如说是绝望之中对生命渴求的欲望救了他们。

　　是的，那个军官拒绝在死亡判决书上签字，也不准下士那样做，所以，死刑暂时无法执行！

当你遭受厄运的时候，坚强与懦弱是成败的分水岭。

懦弱的人选择放弃，当然，放弃再容易不过了，只要不再挣扎，不再努力，随波逐流就可以。但是，坚强的人却不肯向厄运屈服，他们要坚持到底。尽管坚持要比放弃艰难一万倍。他们顶风而行，跌倒了再爬起来，每一步都走得十分艰难。坚持到底的人总是很少，但正因为坚持着顶过了困难，他们的结局也非常辉煌。

坚持的前提是矢志不渝的信念，而信念则需要更持久、更顽强的耐心来维持。

坚持、信念、耐心，对于一个想走出困境、迈向成功的人来说同等重要，缺一不可。

在美国南部的一个农场里，黑奴们过着非人的生活。

一天，一个黑奴的女儿推开了农场主的房门。

农场主很不高兴，恶狠狠地问她："什么事？"

那女孩子理直气壮地回答："我妈让我向您要一块钱。"

"不行，你走吧。"农场主毫不犹豫地拒绝了。

"是"。女孩答应着，可是一点也没有离开的意思。

农场主很生气地说："我叫你回去，你听不懂啊？再不走，我让你好看！"

女孩依然应了一声"是"，但却仍然一动不动地站在那里。

农场主大怒，他气急败坏地抓起皮鞭朝女孩走去。

然而，那个女孩毫无惧色，不等农场主走近，反而先迎着他踏前一步，以坚定的眼神一眨不眨地注视着凶恶的农场主，斩钉截铁地说道："我妈说无论如何都要拿到一块钱！"

第二章
如果无法改变世界，那就改变对世界的看法

农场主一下愣住了，细细地端详着女孩的脸，缓缓地放下鞭子，从口袋里掏出一块钱给了女孩。

当一个人的意志变成了一块顽石时，没有什么可以打败他，更没有什么可以吓倒他。无论陷入什么样的困境，他都能够永远立于不败之地。

"野火烧不尽，春风吹又生"这句诗之所以千古流传，是因为它向人们阐述了一个生命力的概念，其寓意远远超出了诗句表面的"诗情画意"。

一个名叫保罗的小伙子从祖父手中继承了一片森林庄园，可是，没过多久，一场雷电引发的山火就将其化为灰烬。面对焦黑的树桩，保罗感受到了从未有过的绝望。但是年轻的他不甘心百年基业毁于一旦，决心倾其所有也要修复庄园，于是他向银行提交了贷款申请，但银行却无情地拒绝了他。接下来，他四处求亲告友，依然是一无所获。

所有可能的办法全都试过了，保罗始终找不到一条出路，他的心在无尽的黑暗中挣扎。他知道，自己以后再也看不到那郁郁葱葱的树林了。为此，他闭门不出，茶饭不思，日渐消沉，他甚至后悔当初不该从爷爷手中

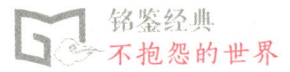

继承这份遗产。

一个多月过去了，他的外祖母获悉此事，意味深长地对保罗说："小伙子，庄园成了废墟并不可怕，可怕的是你的眼睛失去了光泽，一天天地老去。一双老去的眼睛，怎么可能看得见希望呢？"

保罗在外祖母的劝说下，一个人走出庄园，走上了深秋的街道。他漫无目的地闲逛着，在一条街道的拐角处，他看见一家店铺的门前人头攒动，他下意识地走了过去。原来，是一些家庭妇女正在排队购买木炭。那一块块躺在纸箱里的木炭忽然让保罗眼睛一亮，他看到了一线希望。

在接下来的两个多星期里，保罗雇用了几名烧炭工，将庄园里烧焦的树加工成优质的木炭，分装成箱，送到集市上的木炭经销店，结果，木炭被一抢而空，他因此得到了一笔不菲的收入。

不久，他用这笔收入购买了一批新树苗，一个新的庄园出现了。几年以后，森林庄园又渐渐恢复了它原有的生态。

人很多时候是一种懒惰的动物。这种懒惰表现在：满足现状，不思进取。当人们习惯了风平浪静、按部就班的日子之后，他们甚至不想去做一丁点改变，不愿去承担风险。他觉得日子平安而满足，他不会去想更多的新问题，对日渐逼近的危机也不太在意。

然而，一旦大难临头，事业全面崩溃，他便感受到了绝望。他不肯相信平淡的日子会有翻天覆地的变化，以前所有的依赖、满足和美好的指望统统被删除了，他只有认输。

其实，换个角度想，当你一无所有的时候，你是最没有负担的，当你走投无路时，你没有选择，只能自己去找出一条可以走的路来。

一张白纸没有负担，可画最新最美的图画。所以，厄运有时候是对

第二章
如果无法改变世界，那就改变对世界的看法

你日渐形成的惰性的一个提醒，一个警示，让你的生命力重新复活，并在这种苏醒的生命力的召唤下，激发出体内的潜能，让你重新认识自己，发现自己。

每一个问题的后面都隐藏着一条出路，只不过你要首先破解问题这道关才会发现它。这需要超凡的勇气。

潜能、勇气和才智是一种比较矜持的东西，只有在巨大的压力下，面临走投无路的紧要关头，它们才会姗姗来临。

此路不通，你必须寻找他途。面对百丈悬崖峭壁哀叹不是办法，你需要找到一条崭新的路。即使那是一条你以前从未走过，并且一直以为不可能的路，或者是一条以前你根本不相信它会存在的路，你也要让自己去努力寻找。

地球的原始面貌，有山有水有树木，什么都有，就是没有人们所说的路。

路非自然形成的结果，而是人踩出来的，任何一条路都有一个伟大的开辟者。是他，勇敢地闯入高山森林，披荆斩棘，开辟出了一条路。

陷入逆境就类似一个人被高山密林阻住了前进方向，后退只能死亡，只有向前闯，有勇气开辟一条属于自己的新路，才能够走出重围。

生存的欲望乃生命力之源，只要这种欲望不灭，生命力就会顽强地存在下去，并发展和繁衍。

富于挑战性的人，往往会将自己的超常设想置于危险的边缘。因为他知道，只有这样的成功才是独一无二的，而只有独一无二的创新才会带来意想不到的惊喜和财富。

野火烧过的草地，第二年生长起来会比以前更茂盛。

09 向骆驼学习坚韧的精神

"认准目标,耐住性子,一步一步向前挺进。就这样!"这是一头已近垂暮的老骆驼,第99次穿越了号称"死亡之海"的千里大沙漠,凯旋之后,应邀为其他畜类做讲演的全部内容。

"就这些吗?"

"是的,伙计们。就这样!"

成功就是这样,听上去十分简单。但是,做起来并不容易。成功没有侥幸,没有捷径。

想靠找窍门达到成功,只能是一厢情愿的空想。如果害怕艰苦,想要偷懒,你就很难成功。

老骆驼的话虽简单,但是,它所谈到三项基本原则,一旦做起来将会是无比的艰难。

拥有目标,是成功的前提。在成功的道路上,你一刻都不能偏离自己

第二章
如果无法改变世界，那就改变对世界的看法

的方向，否则，便南辕北辙了。

耐心是成功的必备条件。想一想，千里大沙漠，一两个月的行程，干燥的热风，烙铁般的烈日，缺水，没有青草，一日复一日身负重物在滚烫的沙子中前行。一旦你动摇了，失去了耐心，你就会被茫茫大漠所吞噬。

一步一步地向前挺进，这是所有成功的必经阶段，就像铁链的环节，缺一不可。成功不是一蹴而就，任何成功都来自一点一滴的积累。

当然，要做到这些，你必须具备骆驼般优秀的成功素质。

关牧村多年前演唱的一首歌《骆驼》，就是对这一点的深刻写照。

"茫茫的翰海，无边的沙漠，

行进着倔犟的骆驼。

任凭着狂风在耳边怒吼，

任凭着黄沙面前飞落，

穿过一座座沙丘，越过一道道沟壑，

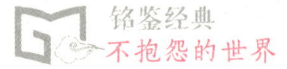

啊，倔犟的骆驼！"……

我们所在的世界是一个优胜劣汰的世界，这是自然规律。地球自30亿年前出现了生命之后，曾经产生过25亿种动植物，到1990年时已灭绝了其中的99.9%，被灭绝的物种的一半则又是在300年内消失的，这一半中的60%则又是在20世纪结束前完成的。

目前，世界上的物种正以每天100种的速度走向最后灭绝。有无数的物种在和自然做斗争的过程中，走向了灭亡。物种的进化就像是一次对于生命成功素质的修炼，成者生存，败者覆灭。

恐龙失败了，剑齿虎失败了……一个又一个物种在恶劣的自然条件下，并没有进化出更适合环境的特性来，而是宣告灭亡。而骆驼，则练就了一副适合于恶劣环境下生存的钢铁意志和顽强不息的工作精神。它既耐寒又抗高温，可以长时间不喝水，而且脚掌心非常适合在沙漠上行走，所以，它成为沙漠之舟，成为最能够抵抗恶劣环境的斗士。

这是一种成功。它并不是在恶劣的环境下怨天尤人，也不是坐等着救星的来临，它知道要在这么艰难的环境中存活下去，只能靠自己。于是，它渐渐长成了适合沙漠中行走的脚掌，用高耸的驼峰储存足够的水分和能源，在千里大沙漠中一步一步向前。

这就像是一个人的成功不能等和靠，只能凭借自己。没有坚实的脚掌，要靠自己去磨练；没有抗击恶劣环境的准备，只能在一次次的失败中吸取教训；没有坚强的意志，只能靠生活给予的训练。

成功的素质就是靠着这样的一点一点的积累慢慢形成，可以说，成功是炼就出来的。就成功而言，根本就没天生那回事，没有一个人是天生就拥有成功的素质的。有的人的成功看似很容易，但他背后的艰辛却

第二章
如果无法改变世界，那就改变对世界的看法

并不是每个人都能看到的。所谓天生拥有成功的资本，不过是一些懒人的借口罢了。

其实，每个人都是成功的材料。一开始，成功者也只是一块粗坯，只是在生活的磨练中，一点点去掉了不成功的痕迹而已。有耐心雕琢自己的人，走向了成功，练就了成功的本领。而那些只会向命运感慨不公的人，则是无限度地放大了自己身上不成功的痕迹，他们不肯雕琢自己，永远没有成功的可能。

雕琢，无论自我雕琢还是接受他人的雕琢，肯定都是一件痛苦的事情，怕痛，不敢对自己动刀子，也不允许别人对你动刀子，你只能永远是一块不可雕的朽木。

成功的创业，必须有一种骆驼般坚韧的劲头。

拜骆驼为师，是每一个渴望成功的人明智的选择。

10 永远不要放弃梦想

所谓鬼吹灯，就是他人或自己利用某些客观存在的现象，认定自己是倒霉的、没财运的、不会成功的，等等，而且，这种现象又往往能同你的经历发生神奇般的吻合。你坚信不移，认定命中自有定数，于是，放弃了努力。

这就叫"鬼吹灯"了，你心中的鬼吹熄了你的心灯。你的志向，你的信念，你的耐心，统统都被那些铁的事实给抹煞了。你认定了自己无论做出什么样的努力也无力改变自己的命运，只是徒劳挣扎罢了。你觉得命运就是你生命里永恒的枷锁，你永远无力挣脱。

迷信鬼神命运，这无疑是一种愚昧，道理不必赘言。

很多人把自己的无能、失败归罪于"姓儿不好""出生年头不吉利"以及手相或算命人的断言。这只不过是意志脆弱的人一种逃避的借口而已。当自己遭受了挫折，不肯再努力改变，把一切统统归罪于命运是对自

第二章
如果无法改变世界，那就改变对世界的看法

己的一个不负责任的交待，从相信自己转而相信命运，也不过是一种无可奈何的解脱。

日本有一位武士，成名之前屡遭败绩，比武经常被打败，做生意连连赔本，因为他的潜意识中一直隐藏着一片无法除去的阴影——手相说明他不但事业无成，穷困潦倒一生，而且短命。他就在这个咒语一样的阴影中生活了很久，他不知道自己的生命还会不会有起色。

但是，就是在屡遭挫折的情况下，他仍然抱着一丝希望。他常常看着自己的手相很久，他怀疑这样一种天生的纹路就是命运之神为他书写下的冥冥之中诠释了他的一生的密码。

就算这是他生命的全部解释，那么如果密码发生改变，他的命运也应当会改变。他灵机一动，用匕首将手掌心的纹路统统做了一番手术。这样一来，按照手相的解释，他不但可以"赚大钱，成大事，甚至还可以称王"。

此后，他的心灯亮了，他不再被那个决定命运的阴影控制。尽管生活中还是有很多挫折，但他并没有屈服，终于在坚持努力之下，他开始收获成功，最后成为了富甲一方的人，成就了一番引以为傲的事业。

如果当真有所谓命运，那么命运根本不堪一击。

现实生活中，你不但要自己从这种宿命的心理中摆脱出来，而且要防止外界环境对你的影响。人是在环境中生存的，"众口铄金、积毁销骨"的事实是存在的，保持自己积极向上的信心才能够防止人言带给你的挫败感。

我们的生活中确实有那么一些人，长久以来郁郁不得志，因为没有成事，而变得消极颓废，既认为自己是个废物，也不愿看到别人成功，于

是便对别人百般嘲讽，用消极语言打击别人的自信。对于这样的人，如果你相信了他的鬼话，也就是吹熄了自己的心灯，只能以失败告终。成功的人，有坚定的意志，他们能够从反对和怀疑中找到信心和力量，他们不肯屈从于所谓命运的安排。

古时候，有位百万富商，他的成功源于他积极的心态和意志的坚强。他最不愿意听别人说不行，谁说他不行，他马上翻脸并毫不客气地还以颜色。

有一次，他带几个随从在长安的大街上闲逛，突然给一个自称"半仙"的算命人缠住，执意要给他算命并说不灵不要钱。结果这算命人开口

第二章
如果无法改变世界，那就改变对世界的看法

便是一串丧气的话，这不行，那不行，事事不顺，血光之灾。富商没容他再说下去，两记重拳将算命人打翻在地。

那人马上求饶，承认"盯了富商好长时间了，不过想吓倒富商从而敲诈一笔银子"。

富商是聪明的，他知道命运不是算出来的。对于算命人的危言耸听，他采用了最简单直接的抗争来进行心理自卫，他根本不允许任何污言秽语污染了自己那颗积极的上进心。而我们的生活中，却有许许多多的人，因为这些唬人的伎俩而心惊胆战，落进算命人的圈套，丢掉钱财不说，更重要的是，丢掉了可贵的自信心。

成功拼搏的路上，你不可能不遭受挫折，也不可能总是有支持者。如果你听到不同意见就放弃，你只能停留在原地。听到那些消极言论时，你需要心理自救，而不能沉迷。别人说不行，并不代表你不行，明白这一点，你就可以完成别人完成不了的事。

你要学会拒绝别人说自己不行，不管是父母长辈的好言相劝，老板、上司的批评指责，还是朋友们的热心关照，有时候都是一种温柔的羁绊，如果你的意志不够坚定，你就会在这些貌似有理的障碍面前停下脚步。而当你明确地告诉别人你只想听到鼓励和支持时，那些为你好的羁绊就会少得多。

一个自信的意志坚强的人，他可能做不到拒听，但他完全可以做到拒绝接受。因为他内心的自信早已给自己筑起了一道隔音墙。

很多人在选择职业上，都出现过这样的问题。童年时，就对某一行当有浓烈的兴趣，而这个时候的喜欢仅仅是一个萌芽；中小学时偏科，对某一门功课情有独钟，并崇拜这一领域的名人；等到进入大学时往往就选择

自己所热爱的专业。从此，认定了这一行当是自己终身的选择。这是最理想的选择，水到渠成。

但很多人并不是这样一帆风顺。往往在上大学时，父母强迫其改行，让孩子去学习最热门的专业，即使那个专业是他所厌恶的，也要千方百计说服他。

一个意志坚定的人，即使学了一个热门专业，仍会在踏上工作岗位后毅然改行。此举无疑会引起大哗，家人、朋友、同事反对声一片。

但是，他不予理会。因为他清楚地知道自己的目标在哪里，怎样的打击和障碍都阻挡不了他前进的脚步。他知道，自己在目前的行当里，仅仅是个混饭吃的，只有回到自己所向往的事业中，才会如鱼得水，施展才华。

成功者并非都是天才。然而，只有成功者能被公认为天才。

所谓天才是"辛劳者""能够坚持到底的人"的代称。

天才不是职称，没有考核标准。成功的价值是唯一资格。

只要能做到坚持到底，你就会成为大家公认的天才。

坚持之中，困难重重，强敌险关，无处不在。一次次的失败面前，任何一个人也会产生动摇心理，如果这时你若把不住耳朵这道关，几句话即可让你前功尽弃。

而且，在你惨遭挫折时，好心相劝的说客都会闻讯赶来。他们真诚地劝你放弃，他们怕你真的倒下去或再遭沉重打击。

他们的关怀让你无法拒绝。

但正是这样的关怀也让你彻底远离了成功。

如果你已经以信念取代了生命，那么，对于你而言，只有永恒的信

第二章
如果无法改变世界，那就改变对世界的看法

念，没有永恒的成功，你会一次又一次地向更高的成功目标挺进。生命由此而产生更强大的生命力激素，它让你更年轻，更富有活力，而且，人生也会更精彩。

坚定的信念之墙是你人生中最宏伟壮丽的丰碑，是至坚至硬的，子弹都没办法打穿。

琼·里弗斯是美国著名喜剧女演员、作家、剧作家，在美国电视大奖赛中荣获最高奖项——艾美奖，成为第一位《今宵有约》的终生特邀佳宾女主持人。

"我记得很久以前我想从事的事业是演艺，那时人们告诉我那是不可能的。

"我走进了波士顿的演艺酒吧，他们答应给我一份工作，每天晚上表演两场，酒店每周支付125美元。我在街对面的酒店订了房间，那是个非

常肮脏可怕的地方，但我不在乎，那是我的第一份工作。

"在这之前，纽约所有的代理都将我拒之门外。后来我找到了哈里·布伦特。他愿意同我一起工作，塑造我的演出形象，而且愿意帮助我与演艺酒吧签合同。直到那天，我的状况才真正好起来，至少我这样想。第一场演出结束后，经理把我叫到面前并对我说，'嘿，你被解雇了。'

"我非常恼火，解雇，第一份工作就被解雇了！我回到那个破旧的酒店，瘫倒在床上，几乎不能停止哭泣。在浴室沐浴时，我还在哭。我不知道我的才能是否能改变我现在的困境，但我决不会放弃。

"很快我找到了另一份工作，却又被解雇了，哈里·布伦特也离开了我，同时也带走了他为我取的艺名。他解释说，你可以去做女性滑稽剧，但这样的一个名字很不适合你。这样我又成了孤家寡人。

"我做了各种尝试，给所有认识的人打了电话。几乎所有的人都在对我说'不可能的'。我妈妈对我说，'你没有任何天赋，你在浪费你的生命。'一个非常走红的剧团代理人告诉我，'你年龄太大了，如果你能够从事这项职业，你早就该开始的。'《今宵有约》节目的策划人对我说，'我们认为你不适合做电视节目。'他们的这些说法似乎是真的，但我依然没有放弃。

"我没有钱，我的办公室就是火车总部的一个电话亭，我所有的家当就是一个小手提箱，睡在汽车里，所有的一切都是那么艰难，但也就是这些艰难使我更加坚定了信心。

"我尤其相信孩子们，他们常常将成功当作'幸运彩票'。这也就是我为什么要强调我已经31岁了。31年来，我一直听着人们对我说不。但我终于还是赢来了自己的幸运彩票。即使在我最困难的时候，我始终相信不

第二章
如果无法改变世界，那就改变对世界的看法

可阻止的驱动力是我最重要的财富。坚定不移是那么的重要，就像天赋一样的重要。

"永远不要停止梦想！永远不要灰心！永远不要放弃！永远！"

11 不要在失败后面画句号

在一座魔鬼训练营里收容了各种各样的事业失败者,他们每天经受着各种严酷的体能、意志训练,以及看似非人性的体罚。他们不但要听一些成功学家的励志讲演,每天半夜以后还要被从床上轰起来,集体进入"成功殿堂"跪地大声忏悔和誓志。在这座殿堂中摆放着司马迁、勾践、苏武、吴承恩等先辈的塑像,也有林肯、卡耐基、拿破仑·希尔等的画像。他们所跪的并不是什么毡垫,而是一块块小小鹅卵石。

这群人中有位叫单立的原房地产公司总裁。曾经辉煌的他,几年间赔光了亿万资产,还欠银行近两个亿的贷款。40几岁,头发全白。他几天里不说一句话,死人一样,不思茶饭,只想一死了之。

教官们无论想尽什么极端的办法,都无法改变他的无动于衷。有人愤怒地提议对他施实"电击疗法",当然,这是不可以的。

一天夜里,外面大风夹着雷雨,呼啸之声恰似鬼哭狼嚎。单立熟睡中

第二章
如果无法改变世界，那就改变对世界的看法

被两个蒙面人捂嘴套头挟持而去。

在野外的一棵大树下，他被几个大汉用绳索套住脖子，要实施"绞刑"。

一人郑重地对他来了一番"死前宣判"，历数他此前在经营管理上的罪行，什么"自恋狂""狂妄自大""一意孤行""自我崇拜"等等，另外，由于他的愚蠢给国家造成巨大损失却执意逃避，故"判处死刑，立即执行"。

单立见死到临头，陡然猛醒。他痛哭流涕，大声呼救，并跺脚发誓：一定重新振作起来，再创辉煌，还清国家贷款。

几人假意争执："杀，还是不杀？"似乎争执得很激烈。

单立一旁不停地保证、发誓、求饶。

最后，几人让他写一份"誓言书"才放了他，并告诫不准透露出半点风声，不可以报警，等等。

单立大难不死，悄悄溜回了"监牢"，躺在床上，暗暗庆幸不已。

第二天以后他变了个人似的乐观、积极，对未来充满了信心。

教官们在办公室大呼"成功"，因为他们极端的非常手法挽救了一个人——一个完全有可能再创成功的人才。

这是一个故事。但它说明一个道理：比失败更可怕的事多得很。当你看到那些"更可怕"的事情之后，失败对于你来说就会变得"无所谓"，大不了从头再来一回。

"失败"两字的后面，你有多种选择：

省略号（……）

暂告一段落，给自己留有余地。

破折号（——）

找出原由"改邪归正"。

逗号（，）

这只是一个短暂的停顿，但不是结束。

未完，待续。

无论你选择什么，你都绝不能在"失败"后面画句号，它等于你彻底认输，在"死亡判决书"上签下了自己的名字。

世界棒球史上最伟大的投手汤米·约翰在他的自传中写过自己受臂伤时的一段故事：

"我是1974年为洛杉矶道奇队打一场夜间比赛时受伤的，那个赛季

第二章
如果无法改变世界，那就改变对世界的看法

我拥有一个棒球选手所能梦想的最佳状况——我是那年全国联赛的头号投手，即将赢得参赛以来的第20场胜利，球队也将打进世界系列赛。男孩子所有的梦想，都将在我身上实现。突然间，我站上投手板，砰的一声什么都完了。

"我的韧带断了，所有投手最怕肘部受伤，因为手术常常意味着投手生涯的终结。我需要进行的手术，是任何主要大联盟的投手都没有做过的，但我知道要想继续打球，就别无选择。

"1974年9月25日，布兰克·乔医生给我做了手术，复原的过程极为缓慢。我问医生：'我有没有机会再投球？'他们回答说：'有1%的机会。'但他们对我太太莎莉更坦白，说：'你的工作就是要鼓励汤米，想想他将来做什么，因为他的投球生涯恐怕已经结束了。'

"一个星期天，我手裹着石膏，带着在我手术后两天才出生的漂亮女儿，坐在教堂里听牧师布道。牧师讲道的内容是有关亚伯拉罕和他的妻子莎拉的，莎拉在70几岁时才受上帝祝福，怀了第一胎。

"牧师读着圣经的故事，抬起头说：'你知道，与上帝同在，没有不可能的事。'他说的时候就看着我，我抬头看他，他微笑着，我在圣经的这句话上做了记号，这正是我需要听的。

"16个星期之后，我拆掉了石膏，手指萎缩得很厉害，我太太说看起来很像鸡爪。手臂瘦弱无力，好像是90岁的老人。要抓东西，还得把手指扳过去。连切肉、开门都办不到。莎莉用婴儿油帮我擦肌肤时，我的皮肤会一块块剥落在她手上。

"在康复阶段，我把大量的时间花在体育场里。在球场上，教练为我实施一系列严格的训练，帮助我强健肌肉。

"复原进展极为缓慢。有一天,我记得从球场回家,把手放在背后,告诉莎莉,要给她一个惊喜。她以为我在开玩笑,想可能是死蝎之类的东西,但当我慢慢把左手从背后伸出来弯着小指去碰拇指时,我们互相拥抱,跳来跳去,高声欢叫。这是我第一次能移动手指,感觉就好像得到10万元奖金似的,因为它表明那些肌肉终于康复了。

"当我不和教练一起练习的时候,就和球队一起出去,坐在本垒板后面比划投球动作,尽量为球队做我可以做的事。我告诉道奇队的老板彼得·欧麦里说:'我在康复,不能投球,但我愿帮忙做任何事情。'

"其他球队的球员、教练、领队都问我:'你真的以为你可以让那只手臂复原,让它再度看起来像是投球的手吗?'我回答他们:'我坚信。'

"复原情形是一段漫长、艰辛的过程,在一年半的时间里,除了周日,我每天都坚持练习。然而我真的恢复了,手术后主投的球赛,比以前还要多,并且代表扬基队在世界锦标赛中出场。

"许多人看到我,会摇头感叹我是那么坚定果敢,尽最大的努力。这或许是我家乡威尔斯的传统。或许是其他什么因素,但我喜欢证明别人的谬误。"

汤米拒绝在医生的残废判决书上签字,使他的事业未因臂伤而画上句号,从而再创辉煌。

第二章
如果无法改变世界，那就改变对世界的看法

12 活着本身
就是奇迹

乌龟，堪称大自然最完美的杰作。因为作为一个物种，它的进化与繁衍生存都是属于非凡成功的典范。

一般人看乌龟，只注意它的丑陋、笨拙，而忽视了它那种难能可贵的乌龟精神和超强的生命力奇迹。

实际上，在乌龟身上，有许多的优秀品质，是值得人类学习的。

首先，它是顽强的信念守恒者——物种的长存和自身长寿这一亘古不变的先天信念，使它们能够亿万年繁衍，生息不灭。所以，连我们人类也不得不谦卑地称它们为古老的物种。

耐心，在必要的情况下，它可以做到生与死的暂时互换，以达到求生存的目的。这是世界上任何一种动物都无法做到的。只要需要那样做，它的耐心即可化为顽石，几天、几个月乃至几年一动不动。自然界的残酷让它们明白了，时间是战胜一切的法宝。而利用时间作武器克敌制胜，就必须练成一种近乎于死亡的超凡耐心。

而这种耐心必须由一副坚硬的甲壳来保护，坚硬的甲壳就是乌龟抵挡外界侵害的外衣，即使那外衣让它看上去笨拙丑陋，它也丝毫不在意。

乌龟的成功让骄傲的人类嫉羡无比，所以，自古便有人类拜乌龟为师的先例。练气的人，专有研究龟息之术的，佛家的坐禅，以及现代人搞的坦克等等都是从乌龟的身上模仿而来。

拜乌龟为师，你将受益无穷。

心灯就乌龟而言，它无非就是求生存、长寿，对人而言，则是指追求的志向和成功的信念，但是不管你的目标是什么，你都需要向着你的目标努力。目标不同，成功的形式自然也是各异的。你可能乘飞机在天上飞来飞去，或驾车在高速公路上飞驰，或借助于电脑、电话……而乌龟在泥土里缓缓挪动或缩进甲壳中与食肉动物们较量意志。

成功不会因形式而产生贵贱。任何一种形式的成功者都是可贵的。

因为心灯随生命而来，没有金银铜铁之分，只是很多人从不知它的存在，所以终生也没想到去点燃它；很多人点燃了之后，遇到狂风疾雨或跌了个跟头熄灭了，便从此不敢再点燃它；而另一部分人则是精心呵护着它，永远不会使它熄灭。因为风能吹进耳朵，但无论如何吹不到心里头。

懦弱者的理由，百分之九十九是强词夺理，而更多时候，他是拿这种伪造出来的理由恐吓欺骗自己。

如果这社会上有素质法庭，那些自卑、懦弱的家伙将会被判刑，送入素质强化训练营中去接受改造。相信刑满释放之后的他们，个个优秀无比。

有一个远大的志向，不怕压力，不惧辛劳，所谓成功之路，不过如此

第二章
如果无法改变世界，那就改变对世界的看法

而已。

一只懒惰的乌龟，它很少出去觅食，因为它觉得那样做对乌龟而言实在太辛苦了。同类们每天要爬出很远去寻找食物，它却每天懒洋洋地趴在那儿晒太阳，得到就吃一顿，得不到就饿着。

老乌龟问它："你怎么总是不动？没看见大家都在努力寻找食物吗？"

它说："我在积蓄能量，练功呐！"

懒惰的借口俯拾皆是。它就这样过了一天又一天，还嘲笑那些不辞辛苦的同类。

有一天，两只小鸟落到它的壳上歇脚，还不停地品头论足，叽叽喳喳不停："哇，它好难看啊！又笨得要死，不会飞！"

"真是傻死了！背着这么一副沉重的外壳简直是愚蠢之极！"

"人家那叫活动房屋，走到哪儿背到哪儿！"

这只乌龟羞愧死了，它感到作为一只乌龟无疑是奇耻大辱，对于自己背上的壳，它更是厌恶无比。于是，它爬到一块大石头下面，发了疯似地磨自己的壳。它从没有这么辛苦，这么勤奋过。一连磨了几天，它终于将身上的甲壳磨得所剩无几了，尽管满身伤痕，鲜血淋漓。但它总算出了一口恶气："我终于脱去了这副象征着耻辱与愚蠢的乌龟壳了。"

然而，它却不敢去见自己的同类了。

如果你的志向仅仅因为别人的耻笑就改变了，那么你只能成为一个没有主见的人，当然也就谈不上什么成功了。而那些心中没有志向，缺乏人生信念的人，做蠢事时往往不以为耻，反以为荣。

一支工程队到大山里施工，在给工程总指挥安置办公桌时，工人们发现右边的桌子腿矮了一点，怎么也放不平。这时，一个工人发现工棚角落里有一只鸡蛋大小的山龟，便顺手拿来塞到了桌腿下。

桌子垫平了，工人们散去。

总指挥是个脾气暴躁的人，每每打电话、开会、训人都要拍桌子，而拍的地方正是小山龟垫腿的右下方。时间久了，桌面竟给总指挥有力的大手拍裂了几道缝。

三年过去，工程完工。当搬起办公桌后，人们突然被一个奇迹惊呆了：小山龟缓缓地伸出了头和四肢，爬动了起来。

人们惊呼起来，被这样的一个奇迹惊呆了。

这是一个真实的故事。

就算总指挥经常拍桌子震不死它，你总得有吃有喝吧？它是怎么存活下来的？每一个知道这件事的人，都不得不认为它是一个奇迹。

3年中，从没有人注意过它，以为那是块石头或死龟壳儿。但就是这个不被人注意的小龟，用生命演绎了一个传奇。

在这样一种顽强的生命力面前，谁能不折服呢？

我们作为人类，无法破解这只小山龟生命的全部谜题，更无法理解小山龟被当成了办公桌的垫脚石时，有过怎样的挣扎和绝望。但我们可以确信的是，它没有被绝望彻底打败。虽然它绝对无法挣脱一张装了东西的办公桌的重压，更不知这种日子要坚持多久，但它并没有放弃生存的信念。它以惊人的毅力耐心地等待。也许山中雾气大，给它提供了少许的养分和水分，也许偶尔会等到一只蚊子或苍蝇让它果腹，甚至它根本就没吃没喝，仅凭一种求生的意念维持生命。但是它坚持了漫长的3年，一千多个日日夜夜。

生命的奇迹完全在于你必须赋于它一种信念的力量；一个在信念力量

第二章
如果无法改变世界，那就改变对世界的看法

驱动下的生命即可创造人间奇迹。

天汉元年（公元前100年），苏武受汉武帝之命，以中郎将的身分为特使，拿着汉武帝亲手交给他的旄节，与副使张胜以及助手常惠和百余名士兵，携带着送给单于的礼物，护送以前扣留下来的全部匈奴使者回匈奴去。当苏武在匈奴完成任务准备返汉时，一件意外的事情发生了。前些时候投降匈奴的汉使卫律有个部下叫虞常，想要谋杀卫律归汉。这个虞常在汉朝时与张胜私交甚好，就把整个计划跟张胜说了，张胜赠送钱物以示支持，没想到虞常的计划还没实施就泄露了。苏武因张胜而受牵连，他怕受审公堂给汉朝丢脸，想拔刀自杀，被张胜、虞常制止。虞常受审，经受不住酷刑供出了张胜，因为张胜是苏武的副使，单于命令

123

卫律去叫苏武来受审，苏武不愿受辱，又一次拔刀自杀，被卫律抱住夺下刀来，但苏武已受重伤，血流如注晕死过去。苏武视死如归，单于佩服他的勇气，希望苏武能够投降为他效力，早晚派人来问候，企图软化苏武。但苏武不肯屈服。

苏武恢复健康后，单于命令卫律提审虞常和张胜，让苏武旁听，在审讯过程中，卫律当场杀死虞常以此威胁张胜。张胜胆却跪下投降，卫律又威胁苏武并举起宝剑向苏武砍来，苏武面不改色地迎上前去，卫律看软化威胁都不能使苏武屈服，就报告单于。单于听说苏武这样坚强，就更加希望苏武投降。他下命令把苏武囚禁在一个大窖里，不给一点吃喝。这时天上正下着大雪，苏武就躺在那里，嚼着雪团和毡毛一起咽进肚里，几天以后，仍顽强地活着。单于一计不成，又命令人把苏武迁移到北海没有人烟的地方，让他独自放牧公羊，说是等公羊生子才让他归汉，在荒无人烟的北海，苏武白天拿着汉朝的旄节放羊，晚上握着它睡觉。没有口粮，他就挖掘野鼠洞里藏的草籽充饥。当单于又派人劝降，并告知他母亲已死、兄弟自杀、妻子改嫁、儿女下落不明、死活不知的消息，想以此达到动摇他的信念的目的，但又一次被他斩钉截铁地拒绝了。苏武在荒凉酷寒的北海边上，忍饥挨饿、受尽苦难，但仍以坚强的毅力，度过了漫长的、艰苦的岁月。

一直到汉昭帝始元六年（公元前81年）的春天，经几度交涉，苏武、常惠等9人才终于回到了久别的首都长安。苏武出使的时候，是个40岁左右的壮汉，他在匈奴过了19年非人的生活，归汉时已是个须发皆白的老人。苏武坚忍不屈、不怕磨难、永不失节的事迹轰动了朝野上下，被编成歌曲在人民中间广泛流传。

第二章
如果无法改变世界,那就改变对世界的看法

从自杀到顽强地活下来,苏武的所作所为都是在逆境中向敌人显示大汉朝人的一种尊严。

两次自杀是怕大堂受审给祖国丢脸,说明他根本就是个将生死置之度外的刚强汉子。后来又在极其恶劣的非人生活条件下坚持了19年之久,却是在向敌方示威:我虽无力反抗,但我决不投降变节。

他抱定了"我顽强地活给你看"和"不回汉朝,死不瞑目"的信念,克服所有的困难,承受着非人的折磨,终于坚持到返家归国。

坚定的信念创造了奇迹。他在不可能的条件下生存了19年并最终夙愿得偿。

13 做人不要怕，
　　做事不要悔

1862年9月，美国总统林肯发表了于次年1月1日生效的《解放黑奴宣言》。在1865年美国南北战争结束后，一位记者去采访林肯。他问："据我所知，上两届总统都曾想过废除黑奴制，《宣言》也早在他们那时起草好了。可是他们都没有签署它。他们是不是想把这一伟业留给您去成就英名？"林肯回答："可能吧。不过，如果他们知道拿起笔需要的仅是一点勇气，我想他们一定会非常懊丧。"记者一直没弄明白林肯这番话的含义。

直到林肯去世后，记者才在他留下的一封信里找到了答案。在这封信里，林肯讲述了自己幼年时的一件事："我父亲以较低的价格买下了西雅图的一处农场，地上有很多石头。有一天，母亲建议把石头搬走。父亲说，如果可以搬走的话，原来的农场主早就搬走了，也不会把地卖给我们了。那些石头都是一座座小山头，与大山连着。有一年父亲进城买马，母

第二章
如果无法改变世界，那就改变对世界的看法

亲带我们在农场劳动。母亲说，让我们把这些碍事的石头搬走，好吗？于是我们开始挖那一块块石头，不长时间就搬走了。因为它们并不是父亲想象的小山头，而是一块块孤零零的石块，只要往下挖一英尺，就可以把它们晃动。"

他写道："有些事人们之所以不去做，只是他们认为不可能，而许多不可能，只存在于人们的想象之中。"

想象中的不可能就像是魔鬼，不但吓倒了林肯的父亲，也吓倒了林肯之前的两任总统。

世界有很多事情都是这样，即使是距离成功只有一步之遥的大好机遇，也会被此类魔鬼吓跑。很多人在成功的门外徘徊了很久，却没有敲门的勇气，从而失去了即将到手的成功，而把机遇让给了那些不相信"不可能的魔鬼"的人。

这些被称为魔鬼的东西，专门会在你面临决断时出现在你的脑海里："不可能""不行""太难了，简直比登天还难""别人都失败了，我也不可能成功"，它们死死与你纠缠，直到你放弃才肯离去。你听信了这些魔鬼的话，就只能和成功擦肩而过。

当一个人被这些魔鬼占据了心智，他必将一事无成。

成功的事业注定要有冒险的成分在内。创业首先需要的是投资，而投资一词永远同风险紧紧联系在一起，世界上没有无风险投资，更不存在无需投资的创业。

除了钱以外，时间、精力、享受与健康亦属投资之列。譬如，你用了10年时间写一本书，这10年的岁月让你丧失了诸多休闲的乐趣，既影响与亲人、朋友交往，又让你失去了生活中的许多享受。这种投资可能比金钱

投资的风险更大,因为你不知道你的付出和所得是否对等。

如果你期待世上有什么轻轻松松,既无风险,又可以成功赚大钱的事,那么你只能收获失望。

没有冒险就没有成功,这绝对是个真理。有时候,你还会发现这样一件有趣的事:当你成功之后,你才知道所谓的巨大风险不过是虚惊一场!

因为你没被风险吓倒,所以,风险被你的无畏精神吓倒了。

中国有句话:初生牛犊不怕虎。与其相对立的则是:江湖越老,胆子越小。

所以,自古英雄出少年。

所以,老成持重,不求有功,但求无过。

年纪给人一种错觉,什么"人过中年,天过午,事事无成",什么"40岁前成功创业",其实这完全是一种老掉牙的传统观念。因为人生的赛场,没有终点,并不是你到了40岁便不需向前跑了,只有不断向前,你的生命活力才能不断被激发出来,否则,你只能在不思进取的生活中一点点老去。

受年龄的影响,很多人丧失了奋进的勇气。没了一个闯字,自然事事无成;由于年纪渐长,社会经验丰富,失败经历过多,对世事看得"太透彻",把困难看得太清楚,所以早早先把自己吓倒了。

初生牛犊为什么会屡屡成功,而且有时看上去是那么的轻意?因为他们根本没把困难看在眼里,将所有的精力都用在干事儿上了。

"哪有时间想那么多?干吧!"这是很多年轻人的口头禅。

反观成年人,则是:"要慎重,千万不可轻举妄动!"

当你在运筹帷幄的沉思中被他人庆功的锣鼓声惊醒后,才知道一切

第二章
如果无法改变世界，那就改变对世界的看法

都晚了。

一位心理学家做过一项心态对人的影响的试验：他把几个学生带到一间黑暗的房子里。

在他的引导下，几个学生很快就穿过了这间伸手不见五指的神秘房间。接着，心理学家打开房间里的一盏灯，在这昏黄如烛的灯光下，学生们才看清楚房间的所有布置，个个吓得出了一身冷汗，目瞪口呆。

原来，这间房子的地面就是一个很深很大的水池，池子里蠕动着各种毒蛇，包括一条大蟒蛇和三条眼镜蛇，有好几条毒蛇正高高地昂着头，朝他们"滋滋"地吐着芯子。

心理学家看着他们，问："现在，你们还愿意再次走过这座桥吗？"大家你看看我，我看看你，都不作声。

过了片刻，终于有3个学生犹犹豫豫地站了出来，战战兢兢地走了过去。

"啪"心理学家又打开了房内另外几盏灯，学生们揉揉眼睛再仔细看，才发现在小木桥的下方装着一道安全网。

心理学家大声问："你们当中还有谁愿意现在就通过这座小桥？"

学生们没有作声。"你们为什么不愿意呢？"心理学家问道。

"这张安全网的质量可靠吗？"学生心有余悸反问。

心理学家笑了："我可以解答你们的疑问了，这座桥本来不难走，可是桥下的毒蛇对你们造成了心理威慑，于是你们失去了平静的心态，乱了方寸，慌了手脚，表现出各种程度的胆怯。"

在这个试验的过程中，有个奇妙的变化。那就是，在没有灯光的情况下，所有的学生都轻松走了过去。而在昏暗的灯光下，只有几个学生战战

兢兢地走了过去。

然而，当心理学家开亮了所有的灯，学生们看清了安全网之后，反而倒更加担心起来。他们问："这张网可靠吗？"

很多时候这就是我们面对生命中的困难的真实反应，尽管这反映看上去是如此可笑。

在什么也不知道的情况下，坦然而过。

当在昏暗灯光下，亦可有几个战战兢兢地踏上去。

在一切都看得清清楚楚，并发现安全网之后，反而增加了顾虑，没有人敢过了！

我们不禁自问：是安全网下的蛇令你恐惧，还是唾手可得的成功让你害怕呢？

如果你陷入困境仍在犹犹豫豫，那只能越陷越深。

勇敢者头脑中的道理很简单：无论争取成功还是摆脱逆境，只有一个办法，那就是告诉自己没有什么不可能，未知的也并不可怕，只要走下去，就是成功。

第三章
哭着过，不如笑着活

　　苦难造就天才，压力制造成功，绝境产生奇迹。人的荣耀不在于永不失败，而在于跌倒后再爬起来，每一次的爬起来都是坚强的意志的提升。

01 你必须拥有
失败的自由

如果你跌倒了，你唯一的选择就是爬起来，因为当你爬起来后，你会发现，世界又变了一个样子。

野口诚一是日本的一名企业家。他有句名言：世界上没有一帆风顺的成功。

野口诚一在25岁那年创建一家玩具公司，经过了22年的经营后宣布破产。在破产之前，野口诚一曾被称为实业家，相当受人瞩目，甚至还担任了大学的理事。所以这次事件对他来说算是从事业巅峰一下子跌入了人生的低谷。

当时，野口先生一心只想着玩乐，业务才刚上轨道就抛开工作不予理睬。据说他的情人多得不知道具体数目，其中的一个，他给买了公寓后就一次也没有见过。

由于兴趣的原因，他喜欢上舞蹈和戏剧后，居然租下了国际剧场，

第三章
哭着过，不如笑着活

并给朋友们提供盒饭和零花钱让他们陪同自己观看，以形成会场满员的气氛。

野口先生说："现在想想，当时大家肯定都在背后骂我愚蠢。"

因此，他几年都没有回家，每天只知道去公司拿钱。

这样做的结果自然是公司的破产。

最后，野口诚一身无分文地走回自己的仅能装下四个榻榻米的小公寓。

野口诚一从万丈高楼，一下跌进万丈深渊，有那么一阵子，他晕头转向地想不明白到底是怎么回事，不知道自己该做什么，还能做什么。

但很快，他振作起来。他在报上看到某某公司倒闭，经理自杀的报道，决定发起组织一个协会，专门帮助这些人走出阴影。

协会在困境中成立了，野口诚一用自己的不懈努力，将协会从几个人扩大到500多人。协会研讨的内容也从最初的只谈公司倒闭之类问题，扩展到所有关于公司成长、失败的问题。

失败给人带来的绝非全是坏处。人大多都是这样的：拥有时，往往忽略它，一旦失去，才会想起珍惜并奋起自救。所以，生命中的低谷是对你的一大考验，走过去，你才能够迎来生命的另一次辉煌。

要知道，失败的更深层一点的含意，可能是"你似乎不适合做这个，试试另外一种"。野口诚一从失败中尝到了痛苦，对失败有着比别人更深切的体验，这反而成了他重新崛起的契机。他没有选择自杀，也没有回头去做玩具，而是开拓了一片新的领域并获得了成功。

成功的顶峰没有驿站，失败也不会是你人生的"定格"，世界每分每秒都在发生着变化。只要你能勇敢地站起来，总会发现一片新天地。

成功有一个固定的系数：爬起永远比倒下多一次。

一只蜘蛛在一座破庙的断墙处结下了网，把家安顿了下来，但是，它的生活并不安宁，因为它常常会遭受风雨的袭击。

一天，大雨来临，它的网又一次遭受劫难。大雨刚过，这只蜘蛛向墙上支离破碎的网艰难地爬去。由于墙壁潮湿，它爬到一定高度就会掉下来。它一次次地向上爬，一次次地又掉了下来，但它不懈地坚持着。

一直在里面避雨的三个人看到蜘蛛爬上去又掉下来的情景，开始讨论起来，他们的观点却大不一样。

第一个人看到后，叹了一口气，自言自语地说："哎，我的一生不正如这只蜘蛛吗？我们的境况就是这样，虽然一直都在忙忙碌碌可结果却是一无所得。看来我的命运和这只蜘蛛一样也是无法改变的。"于是，他继续沉迷于颓废之中。

第二个人在一旁静静地看了一会儿，不屑一顾地说道："这只蜘蛛真愚蠢，为什么不从旁边干燥的地方绕一下爬上去呢？以后我可不能像它那样愚蠢。再遇到棘手的问题我一定要用头脑认真思考，不能一味地埋头苦干，尽量寻找解决问题的捷径。"从此，他变得聪明起来了。

第三个人专注地看着屡败屡战的蜘蛛，他的心灵为之深深地震撼了，他在想："一只蜘蛛竟然具有如此执著而顽强的精神，有这样的精神就一定可以取得成功。我真应该向这只蜘蛛学习，不再害怕挫折和失败的打击。"受这只蜘蛛的启发，他从此坚强无比。

对于蜘蛛有不同看法的三个人，自然也成就了不同的人生。

第一个人的看法，自然是不可取的。对于他来说，人生无疑是由命运来决定的，个人努力是不算数的。这样的消极颓废自然无法应付人生中数

第三章
哭着过，不如笑着活

不尽的挫折和磨难。

第二个人的看法，是聪明的感悟，遇到挫折当然应该吸取教训，但是，有的时候，很多棘手的问题你是无法绕开的，绕开就等于放弃。成功是没有捷径的。聪明反被聪明误的人，一生被他的聪明支得团团乱转，在忙忙碌碌地寻求捷径中度过一生。

用情不专，会失去爱情。目标不明确，见异思迁，终无所获。

屡败屡战的人在聪明人眼中统统是傻瓜，而最终获得成功的恰恰就是这些目标始终如一、屡败屡战的傻瓜。

在人生路上拼搏创业的人必须有一股子傻气。当然它是指在坚韧不拔这方面的劲头，他们不会做聪明的逃兵。

一位父亲很为他的孩子苦恼。因为他的儿子已经十五六岁了，可是一点男子气概都没有。于是，父亲去拜访一位禅师，请他训练自己的孩子。

禅师说："你把孩子留在我这里。3个月以后，我一定可以把他训练成真正的男人，不过，这3个月里面，你不可以来看他。"父亲同意了。

3个月后，父亲来接孩子，禅师安排孩子和一个空手道教练进行一场比赛，以展示这3个月的训练成果。

教练一出手，孩子便应声倒地。他站起来继续迎接挑战，但马上又被打倒，他就又站起来，就这样来来回回一共16次。

禅师问父亲："你觉得你孩子的表现够不够男子气概？"

父亲说："我简直羞愧死了！想不到我送他来这里受训3个月，看到的结果是他这么不经打，被人一打就倒。"

禅师说："我很遗憾，因为你只看到了表面的胜负。你有没有看到你儿子那种倒下去立刻又站起来的勇气和毅力呢？这才是真正的男子气

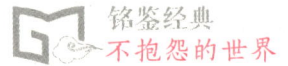

概啊!"

"成功只代表你工作的1%,而另外的99%则意味着失败。"这是本田宗一郎1974年在美国获得博士学位的一段讲话。他还对一些渴望成功的企业家说:"企业家必须善于瞄准那些在他人看来'不可能'的目标,同时,你必须拥有失败的自由。"

本田宗一郎1906年11月出生在日本荒僻的兵库县的一个贫穷家庭。由于家庭贫穷,9个孩子中有5个因营养不良而早夭。他家离索尼公司创始人盛田昭夫的家不远。盛田出生在一个拥有一个网球场的优裕家庭,而本田却是一个修理自行车的穷铁匠的儿子。这种早期环境的影响对本田很有好处,他父亲对他解决机械问题的培养在本田早期的训练中起到了很大的作用。

本田是个穷学生,经常逃课,他憎恶正规的教育。但他偏爱试验课,总是运用富有启发性的试验方法。

本田注定比其他人更能改变摩托车和汽车工业。在50年代早期,本田

第三章
哭着过，不如笑着活

公司终于挤进了拥挤的摩托车行业。在5年内打败了250个竞争对手，使他实现了儿时的制造更先进的摩托车的梦想。

本田承认他犯有错误，正如他在密歇根技术大学接受博士学位的演讲中表明的那样：

"回首我的工作，我感到我除了错误、一系列失败、一系列后悔外什么也没有做。但是有一点使我很自豪，虽然我接连犯错误，但这些错误和失败都不是同一原因造成的。"

可以说，本田无愧是一位伟大的失败专家。他的两点关于失败的艺术论述，若非是一个饱经失败磨难并最终获得巨大成功的人，是绝对概括不出来的。

请记住他的话：

"你必需拥有失败的自由。"

"我连连犯错，但失败却不是一个原因造成的！"

他的话，对于一个苛求成功的人来说，是不能够成立的，"难道一个失败者还应该拥有继续失败的特权吗？"一般的创业者只信奉一个信条：只许成功，不许失败。

信奉这种信条的人，有几大害处：

（1）把成功简单化了，以为一句口号即可达到"没有失败，只有成功"的完美理想境地。

（2）对失败没有充分的估计，也缺乏充分的接受失败的心理准备，因此很容易被突如其来的挫折彻底击垮。

（3）急功近利，只顾低头拉车，不抬头看路。

（4）失败恐惧症，忌讳言败，逃避，不敢面对残酷的困难现实，自欺欺人。

"只准成功，不许失败"的守奉者，大多都是跌倒后再也爬不起的哀兵。

本田的另一句关于"失败不是一个原因造成"的话，内涵何其丰富。他从两个侧面重新阐明了成功与失败的科学依据。

如果你总是被同一块石头绊倒，10次20次之后还是它，这只能说明你是蠢才，绝对与成功无缘。

9次犯错，9个原因，说明你是善于创新，敢于不断向新生事物、新的目标或领域挺进的人。它的潜台词是：上次失败的原因我已找到了。我决不会再犯同样的错误。

乐山大佛永远立于"不败之地"因为它是一座谁也搬不动的石雕。

失败的特权只有你自己赋予自己，一个拥有"失败自由权"的人，必定是杰出的成功者。

第三章
哭着过，不如笑着活

02 跌倒也不
　　空着手爬起来

这是一位成功训练专家的真实故事。如果说"失败也英雄"这句话出自其他人之口，总让人觉得有些逞口舌之能的味道，那么这位专家从逆境中挣扎着爬起来，再创辉煌的经历就足以印证，"失败也英雄"决不是一句空话。

1992年，南下海南特区一年的王先生走上了创业之路，王先生参与创立的一个房地产公司的资产规模曾超过2个亿。后由于碰上国家宏观调控，未能顺利渡过房地产泡沫潮的公司于1995年宣告破产，王先生的身上也一下子背上了一大笔债。

经过对形势的分析比较，王先生决定到深圳去开始新的创业。初到一个陌生地方，身无分文，想打出一片天地谈何容易。两年中王先生先后遭遇三次大的失败，最穷困潦倒时经常口袋里拿不出钱吃饭。但困境中的王先生仍然没有放弃，他想起了自己曾在海南听过的成功训练课，身无分文

的他决定将此作为新的创业起点。从此，他走上了自由职业讲师之路，讲授的就是对他影响颇深的成功学，而他自己也正是在用这些方法来激励和鼓舞自己。从每天出门前照镜子给自己鼓励，到进行自我训练来改变思维习惯。从订立并付诸实施三年成为百万富翁的目标计划，到通过增加做俯卧撑的次数来强化自己的意志力，每一个方法他都亲身实践并现身说法。

由于融合了自己的亲身经历，王先生的课很受学员的欢迎。开始时，他只能靠每晚1小时36元的讲课费度日，到了第二个月，他一天能得到2000元的讲课费，再后来，他每天的讲课费达到8000元。这离他失意地告别海南只有四五年左右的时间。

现在，王先生成立了自己的主要从事成功训练的咨询公司，手下有五十几个员工，这在咨询公司中已属于中等偏上的规模了。

第三章
哭着过，不如笑着活

他对学员讲课时引用最多的一句话便是：积极进取。

拿破仑·希尔等一些美国成功学大师，经常在自己的书中把积极心态做为一个重点。由此可见，心态特别是一种积极上进、永不放弃的心态，对于一个人事业上的成功是多么的重要。

然而，大多数人对这个说法只是采取一种简单式的理解，以为积极的心态就是乐观、自信、积极争取，永不放弃。其实，积极的心态不只是这么简单。它不仅仅体现在一切顺利时的乐观自信，在你身处逆境时它的价值才真正体现。

当你遭受重大打击，事业一落千丈时，无论你怎样大喊大叫"乐观""自信"，都已不起作用了。你这时候，必须更深层次地理解什么叫积极心态，虔诚地忏悔，虚心地请教。

你首先要做的是以积极的心态去正视失败，与失败交朋友，促膝谈心，听它的指责和谩骂。我们很多失败者，大旗一倒，扭头便逃，根本不敢回头去看自己留下的那串失败的脚印，甚至听到"失败"二字都心如刀绞。以为失败都是不堪回首的，越少提及越好。

其实，失败才能让你真正地成长。你只有弄清了失败的根源，才能找到解决的方案，这就像治病救人一样，找到了疾病的根源，才能够对症下药，药到病除。

以积极的心态去面对你见不得人的那一面，比如：你的傲慢自大，聪明反被聪明误；你的自私狭隘，缺乏远见，以及不善经营管理，不会用人，不懂理财等等。

你必须在这些肮脏的字眼里，找出属于你的病根，然后对症下药。

既然是要做失败也英雄式的英雄，就要拿出一种大无畏的英雄气概。

爬起来是再创成功的第一步，第二步即是回头寻找绊倒你的石头或木棍，向它请教，你为什么会被绊倒。

这样做的好处是，防止自己第二次、第三次，不断地被绊倒。

不堪回首是懦弱者的消极逃避心态，是成功的大忌。

15岁那一年，诺贝尔遵照父亲的嘱咐，到意大利等国去求学。学成后他便回到了瑞典，他深深感到在国外语言交流的重要性，于是他便刻苦地自学了英、法、德语。后来诺贝尔又到了美国去学习新的科学知识，也是在这段学习期间，他意识到了炸药在未来生活中的重要性。1854年，诺贝尔回到父亲的身边，从此，他投入对炸药的研究中去了。在他的炸药试验中发生过好多次爆炸，但是诺贝尔没有因此被吓倒，相反他更坚定了试验到底的信心。

1864年9月3日，一场惨祸发生了。当惊恐的人们赶到出事现场，只见原来屹立在这里的一座工厂已荡然无存，无情的大火吞没了一切。

诺贝尔眼睁睁地看着自己所创建的研制硝化甘油炸药的实验工厂化为灰烬。人们从瓦砾中找出了五具尸体，其中一个是他正在大学读书的活泼可爱的小弟弟，另外四人也是和他朝夕相处的亲密助手，五具烧得焦烂的尸体，令人惨不忍睹。诺贝尔的母亲得知小儿子惨死的噩耗，悲痛欲绝。年老的父亲因受刺激引起脑溢血，从此半身瘫痪。然而，诺贝尔在失败和巨大的痛苦面前却没有动摇。

惨案发生后，警察当局立即封锁了出事现场，并严禁诺贝尔恢复自己的工厂，人们像躲避瘟神一样避开他，再也没有人愿意出租土地让他进行如此危险的实验。困境并没有使诺贝尔退缩，几天以后，人们发现，在远离市区的马拉伦湖上，出现了一只巨大的平底驳船，驳船上并没有装什么

第三章
哭着过，不如笑着活

货物，而是摆满了各种设备，一个青年人正全神贯注地进行一项神秘的实验。他就是大爆炸中死里逃生、被当地居民赶走了的诺贝尔！

在令人心惊胆颤的实验中，诺贝尔没有连同他的驳船一起葬身鱼腹，而是得到了意外的收获——他发明了雷管。雷管的发明是爆炸学上的一项重大突破，随着当时许多欧洲国家发展进程的加快，开矿山、修铁路、凿隧道、挖运河都需要炸药。于是人们又开始亲近诺贝尔了。他把实验从船上迁到斯德哥尔摩附近的温尔维特，正式建立了第一座硝化甘油工厂。接着，又在德国的汉堡等地建立了炸药公司。一时间，诺贝尔生产的炸药成了抢手货，源源不断的订货单从世界各地纷至沓来，诺贝尔的财富与日俱增。

然而，获得成功的诺贝尔并没有摆脱灾难。

不幸的消息接连不断地传来：在旧金山，运载炸药的火车因震荡发生爆炸，火车被炸得七零八落；德国一家著名工厂因搬运硝化甘油时发生碰撞而爆炸，整个工厂和附近的民房变成了一片废墟；巴拿马一艘满载着硝化甘油的轮船，在大西洋的航行途中，因颠簸引起爆炸，整个轮船全部葬身大海……

诺贝尔又一次被人们抛弃了，面对接踵而至的灾难和困境，诺贝尔没有退缩。

勇气和恒心最终征服了炸药。诺贝尔赢得了巨大的成功，他一生共获专利发明权350项。他用自己的巨额财富创立的诺贝尔科学奖，被国际科学界视为一种崇高的荣誉。

诺贝尔成功的经历告诉我们，凡是获得成功的人，大多都是第99次从地上爬起来的勇士。他们不怕失败，在他们的意识中，成功的金字塔是以失败为基石砌成的。

拿破仑·希尔说:"那些培养了守恒习惯的人,似乎对失败这回事免疫,他们无论被打击多少次,始终能够向上攀登到金字塔的最高处。"

爱迪生靠着自己多项发明的专利权跻身于富贵之列。他对恒心创富的名言是:"失败者都是那些不晓得自己已经可以接触到成功而放弃尝试的人。"

在发明灯泡时,他反反复复做了10 100次实验。若非有着超人的毅力与恒心,他是不可能成功的。

古希腊有这样一个神话:

为了让妻子起死回生,俄耳甫斯用琴声感动了地府的守门官,他被允许带领妻子重返人间。但条件是要求他必须有恒心,在走出阴曹地府之前,不能为苦所惧,为情所动,不能回头看妻子一眼。俄耳甫斯历经千难万险之后,气喘吁吁,力倦神疲,在即将踏上人间土地的时候,他停了下来,禁不住回头看了看妻子,结果一切努力立刻付之东流,他那可爱的妻子又不得不被带回了冥国。因缺乏恒心而功亏一篑,天神也不禁为之惋惜,于是将那只琴抛向空中,化为星座。

失败是成功之母的外延含义,无非是这样:跌倒了,也不要空着手爬起来,最起码你手中攥着这次失败的教训。当这种失败的教训积累到一定数量时,它便成了你的财富,这时的你距离成功也许只有一步之遥了。

第三章
哭着过，不如笑着活

03 如果坚持下去，最好的总会到来

世界上每天都有一些物种在消失，而这种残酷的现实似乎永远落不到那些生命极其顽强的动植物身上，如蟑螂、老鼠和泥鳅。它不需要人类虚伪的保护，甚至也不在意人与其他猛禽的捕杀。它们的生命力代表永恒，而永恒是以坚持为基础的。

很多有农村生活经历的人都知道，在旱季干涸的泥塘下面仍有大量的生命存在，它们就是好些顽强的泥鳅，这些小鱼可以在泥土中坚持几个月或整整一个冬季，直到春季的到来。

WOC电台的著名体育节目主持人罗纳德·皮尔在讲述自己的亲身经历时说：

"每当我失意时，我母亲就这样说：'最好的总会到来，如果你坚持下去，总有一天你会交上好运。并且你会认识到，要是没有从前的失望，那是不会发生的。'

"母亲是对的,当我大学毕业后,我发现了这点。我当时决定试试在电台找份工作,然后,再设法去做一名体育播音员。我搭便车去了芝加哥,敲开了每一家电台的门,但每次都碰了一鼻子灰。在一个播音室里,一位很和气的女士告诉我,大电台是不会冒险雇用一名毫无经验的新手的。'再去试试,找家小电台,那里可能会有机会。'她说。他又搭便车回到了伊利诺斯州的迪克逊。虽然迪克逊没有电台,但我父亲说,蒙哥马利·沃德公司开了一家商店,需要一名当地运动员去经营他的体育专柜。由于我在迪克逊中学打过橄榄球,于是我提出了申请。那工作听起来正适合我,但我没能如愿。

"我失望的心情一定是一看便知。'最好的总会到来。'母亲提醒我说,父亲借车给我,于是我驾车行驶了70英里来到了特莱城。我来到爱荷华州达文波特的WOC电台。节目部主任是位很不错的苏格兰人,名叫彼特·麦克阿瑟,他告诉我说他们已经雇用了一名播音员。当我离开他的办公室时,受挫的郁闷心情一下子发作了。我大声地问道:'要是不能在电台工作,又怎么能当上一名体育播音员呢?'

"我正在那里等电梯。突然我听到了麦克阿瑟的叫声:'你刚才说体育什么来着?你懂橄榄球吗?'

"接着他让我站在一架麦克风前,叫我凭想象播一场比赛。前一年秋天,我所在那个队在最后20秒时以一个65码的猛冲击败了对方。在那场比赛中,我打了15分钟。回想当时的情形,我激动地描述着每一个场景。之后,彼特告诉我,我将主播星期六的一场比赛。

"在回家的路上,就像自那以后的许多次一样,我想到了母亲的话:'如果你坚持下去,总有一天你会交上好运。并且你会认识到,要是没有

第三章
哭着过，不如笑着活

从前的失望，那不会发生的。'"

抓获一个凶犯并算不上什么惊天动地的伟大壮举。因为这种事每天都在发生。

但是，如果为了抓捕一个凶犯，花去一个人52年的漫长岁月，而且这期间为了破案，他行程几万公里，翻阅了十几米高的档案资料，打了几十多万次的电话……

如此一来，情况不一样了。他创造了一个常人所不能的奇迹。

奇迹式的成功有如下特征：

（1）耐心超越时间。时间是无法超越的，这是常识，但严格的科学定律往往无法解释人的思想及意志方面的种种奇异现象。一个意志品质坚定的人，完全可以做到这一点——以非常的耐心超越不可超越的时间。因为他的耐心永远走在时间前面。

（2）视失败和试验性的无成果重复数字的累计为垫脚石，摘取高悬在半空中的成功。这里边还是个耐心问题：不厌其烦地接受失败的考验。

一句话：当耐心成为时间的主宰时，时间即会在你的意识中自动消失，而成功也会自动向你走来。

很多年前，在法国马赛曾发生一起残忍的强奸杀害6岁女童案。多梅尔警官在现场看到被害人埃梅的惨状时，义愤填膺，发誓一定捉拿到这个禽兽不如的凶犯。

为了缉捕罪犯，多梅尔查了十几米高的文件和档案，足迹踏遍了四大洲，打了几十多万次电话，行程几万公里。几十年来他着了魔一样，将全部心思都放在了追捕凶犯上，结果两任妻子都离他而去。他仍矢志不渝，经过52年漫长的追捕，终于将罪犯捉拿归案。当他用手铐铐住凶手时，已经是73岁。他兴奋地说:"小埃梅可以瞑目了,我也可以退休了。"

在接受采访时,记者问他:"你觉得这样值得吗?52年漫长岁月所付出的代价?"

多梅尔说:"当然,我随时都可以放手不管。但这样就会有更多的小埃梅的惨案发生。我坚持到底的目的,就是让那些歹徒们明白:只要犯了罪,即使你逃到天涯海角,即便你躲藏到100年,最终仍逃不脱法律的惩罚。"他笑了笑说,"这是我的个人信念。"

多梅尔的信念即是:时间创造成功。而且,在他那里,决不认为52年破一个案子是一种浪费,恰恰相反,这种锲而不舍、永不放弃的精神,会让更多的包藏犯罪心理的人感到无比恐惧。

"52年破获一起凶杀案"具有不可估量的威慑力。

运动员在场上因抢跑被警告,会出现两种截然不同的反应:

(1)害怕被罚下场,故而放弃了抢跑,宁可一开始就被别人落下。

(2)认为放弃抢跑就是放弃了冠军争夺。所以,冒着宁可被罚下场的危险,也要坚持按规则抢跑,与其放弃第一名,莫不如被罚下。

奥运短跑冠军,除了身体上的优势之外,坚强的心理素质,也是他取胜的关键。

如果我们把在运动场被警告视为人生事业的一次失败,那么,有没有勇气重新回到起跑线上来,从零开始,就成了是否能够再创成功的首要条件。但是,虽然你有勇气回来,敢不敢于第二次抢跑,才是成功的关键。

百米竞赛,很少有人做到起跑落后却后来居上的。

抢跑是规则允许的一种可以占尽先机的优势,没有任何理由放弃它。

丧失了优势的竞赛,你的努力不过是一场挣扎着奔向失败终点的拙劣

第三章
哭着过，不如笑着活

表演。

在激烈的商业竞争中，只有抢跑在先的人才有可能摘得桂冠。

如果说抢跑是个技术问题，那么，重新回到起跑线上来，则是个信念与勇气的问题。

两者缺一不可。

即便你的技术再好，但一遇警告便完全泄气，连重新回到起跑线的勇气都没有，那你也只能失败。

杰克·伦敦小学毕业后即开始四处流浪，打工。在19岁以前，还从来没有进过中学。他在40岁时就死了，可是他却给世人留下了51部巨著。

杰克·伦敦的童年生活充满了贫困与艰难，但是他酷爱读书，除了做工之外，他一天中读书的时间达到了10~15小时。19岁时，他决定停止以前靠体力劳动吃饭的生涯，改成用脑力谋生。他厌倦了流浪的生活。

于是，他进入了加州的奥克兰德中学。他不分昼夜地用功，从来就没有好好地睡过一觉。天道酬勤，他也因此有了显著的进步，他只用了3个月的时间就把4年的课程念完了，通过考试后，他进入加州大学。

他渴望成为一名伟大的作家，在这一雄心的驱使下，他拼命地写作。他每天写5000字，这也就是说，他可以用20天的时间完成一部长篇小说。他有时会一口气给编辑们寄出30篇小说，但它们统统被退了回来。这让他感到绝望，觉得自己不是作家的料。于是，他只好放弃了写作。

1896年人们在加拿大西北柯劳代克，发现了金矿。

跟随着像蝗虫一样的淘金者人流，杰克·伦敦踏上了柯劳代克之路。他在那儿呆了一年，拼了命似的挖金子。他忍受着一切难以想象的痛苦，而最后回到美国，他的囊中却仍然空空如也。

只要能糊口，任何工作他都肯干。他曾在饭店中刷洗过盘子；他擦洗过地板；他在码头、工厂里卖过苦力。

后来，有一天，他饥肠辘辘，身边只剩下两块钱了，他决定放弃卖苦力的劳苦工作，重新回到曾经让他伤心的文学创作上来，从零开始。这是1898年的事。仅几年，他便有6部长篇以及125篇短篇小说问世，一跃成了美国文艺界的最为知名的人物之一。

只要你敢于回到起跑线上来。第二次向成功发起冲击，成功便有一半在握，不是么？剩下的仅仅是一个努力过程而已。

曾巩是北宋时期唐宋八大家之一。他和胞弟、表弟共六人，几次在科举考试中都未考中进士，有一年，曾巩与其弟应试去，不料又名落孙山，有人作诗讽刺他们说："三年一度科场开，落杀曾家两秀才。有似檐间双燕子，一双飞去一双来。"曾巩对此并不介意，也不灰心，一再教育诸弟要经得住失败的考验，在学习上要永不懈怠，刻苦攻读。又到大比之年，曾巩与兄弟六人又去赴试，在走之前，曾母感叹地说："你们六人当中，

第三章
哭着过，不如笑着活

只要有一个金榜题名，我就心满意足了！"考试结果张榜公布。曾巩兄弟六人都中进士，且名次都在前列。

过去可以决定现在，现在不能决定未来。

如果一个信念，从过去坚持到现在，虽然它屡屡失败，但只要继续坚持下去，它的未来就会有成功的可能。

如将成功列为一个公式，大概应该是这样：

信念（正确的目标）+坚持（坚定不移的持久性）+失败与爬起的次数（正比例）=成功

在这简单的公式里，我们更应该注意的是括号里的含义：

1. 正确的目标

正确的目标成立与否，首先是它的可行性。一个可望而不可及的好高骛远式的目标，只能让你白白耗费精力资金。其次，目标的准确性，清晰的，集中的，不是漫无边际的那种，是信念确立的关键。

2.坚定不移的持久性

我们常说罗马城是一砖一瓦砌成的，这一砖一瓦地砌，是需要功夫的。长城是一个伟大的历史功绩，它的意义决不仅仅是成为了世人共知的珍贵历史遗产，而是中华民族生生不息的生命力的延续。因为它是经过漫长的两千年才逐渐完成的。

只有坚定不移的持久性才是成功的保证。

3.失败与爬起次数的正比例

一句话，跌倒了不再爬起，什么也别说了，你永远与成功无缘。

成功的路上很少有只跌一次跟头的神仙。

跌倒与爬起次数的累积只会造就两种人：第一种人，越跌越顽强，习以为常，所以也就越来越少跌倒；第二种人，越跌信心越不足，直至崩溃，垂头丧气地退出。

跌倒第99次后没有爬起来的人是最令人惋惜的。因他距离成功只有区区一步之遥。

看准目标，认清前进的路线，只要踏上征程，就是那句话：好汉不回头。

第三章
哭着过，不如笑着活

04 生存境界就体现
　　在最困难的时候

在面临巨大打击和失落的心理落差时，精神的力量是非常重要的。要把眼前的不幸当作一个新的起点，人在厄运面前仍然可以昂首向前，只要你精神不倒，厄运终会在你面前跌倒，而成功才会出现。生存的境界就是在你最困难的时候才会体现得淋漓尽致。春风得意时谁都可以昂首阔步，但厄运来临时可以昂首阔步的人才是真正的勇士。

1894年，朝鲜爆发了一场农民战争。

半个世纪后，朝鲜作家朴泰源决心把这一段波澜壮阔、可歌可泣的历史再现出来。

一旦下定了决心，朴泰源就夜以继日地忙碌了起来。他的工作节奏是那么快，而且常常通宵达旦。也许是由于他太过于折磨自己的眼睛了，渐渐地，他的眼睛突然像蒙上了一层什么，视力急剧下降。医生告诉他，他患的是双眼视神经萎缩和色素性视网膜炎，并劝他该停下手中的工作，休息、检查、治疗。

对专家的劝告、一些好心人的善意关怀，朴泰源都很感激，而且也反反复复地想过，但他却怎么也放不下手中写着的书，他觉得自己不能让工作半途而废。他决心争分夺秒地和黑暗来临之前的时间比赛。

朴泰源的视力越来越差，不幸的时刻终于来临了。

一天，他正在洒满阳光的书房里专心整理资料，突然感到眼前一片黑暗。他惊奇地问妻子："亲爱的，怎么突然天黑了？"妻子没有回答，她抑制着自己的哭声，她心里明白，她亲爱的丈夫此刻已完全失明了，她等待着，等待着奇迹发生：一瞬间丈夫会突然重见光明，她希望眼前的一切都是假象。桌上的闹钟在嘀嗒嘀嗒往前赶，什么奇迹也没发生。

朴泰源说话了："亲爱的，太阳躲进了我心中，跳进我脑中了，我永远在光明之中。"

妻子完全能够养活他，单位也同意承担他将来的全部生活费。可朴泰源偏要和自己过不去。他还要继续写书，他开始了一场与厄运的搏斗。他请人做了一块大小和稿纸差不多的硬纸板，在板上刻下横的竖的空格，装上能固定稿纸的夹子。朴泰源利用自己"发明"的这个工具，又开始了写作生活。

妻子每天早晨上班之前，给他准备好纸和笔，晚上回来帮他校对，

第三章
哭着过，不如笑着活

誊清当天的手稿，然后念给他听。妻子一边念，一边按着他的要求进行修改，直到他完全满意为止。

可是，厄运再一次向他袭来。1975年，正当他在艰难中坚持创作的时候，身体的左半边瘫痪了，不久右半边也完全麻木不能活动了，接着双手也不听使唤了，只剩下一张能说话的嘴。他没有向命运屈服，继续他的创作。

他静静地躺在床上，嘴里一字一句地念着小说的情节，让别人记下来。看到他艰难、痛苦的样子，身边的人都替他感到难过，他却常常安慰他们："不要难过，疾病给我留下的时间不多了。别人过一秒，对我来说，等于过十年，只要我能争取这一秒一秒的时间，让它来帮助完成我的事业，我就很幸福了。"不知过了多少个日日夜夜，长篇巨著《甲午农民战争》的第一卷终于在1977年4月出版了。又经过异常艰苦的三年多时间，小说的第二卷也脱稿出版了。朝鲜政府为此授予他两枚国旗一级勋章，并称誉他为"朝鲜的奥斯特洛夫斯基"。对他的拼搏奋斗精神和他在朝鲜文学事业上做出的突出贡献，给予了充分的肯定。

与朴泰源相比，我们是非常幸运的。偶然的一次厄运的降临不应该成为我们停滞的理由。在逆境时抬起头来傲视一切比在顺境中做到这一点更加艰难，也更弥足珍贵。只需你将厄运看轻，就没有什么可以阻挡你的视线。

其实，做人就应该这样，当无事时，应像有事时那样谨慎；当有事时，应像无事时那样镇静。因为在漫长的旅途中，实在是难以完全避免崎岖和坎坷。

只要出现了一个结局，不管这结局是胜还是败，是幸运还是厄运，客

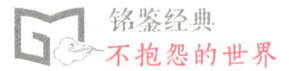

观上都是一个崭新的重头再来的机会。

贝多芬早在27岁时就开始初发听力障碍了。开始是左耳，后来右耳也患疾。随后他的听力逐步衰退，52岁时已无法从事演奏和指挥，那时他全聋了。

耳聋对这位天才的音乐家是个致命的打击，因此，他曾经产生过自杀的念头。然而，他那钢铁般的意志终于改变了他的人生观，他说："我要扼住命运的咽喉，决不许它毁灭我！"所以，在听力衰退的22年里，他曾使用了各式各样的工具来帮助听力，包括一些喇叭型的助听器。然而这类助听器对于辨别声音的能力并没有太大的帮助，因此，他就自己设计了一些有一条额带可以固定在头部的喇叭型助听器。有时他还使用一支木质的鼓槌，一端咬在上下牙缝之间，另一端则附在钢琴上，这样声音的振动可以沿着鼓槌而到牙齿，再传经头骨入耳内。

贝多芬耳聋以后，他对学习和创作更加勤奋，对时间也备觉珍惜了。为了让艺术的火花永不熄灭，他每天都要长时间地练习弹琴，弹得多了，手指发热，他就在琴旁的凉水盆里泡一泡接着再弹，不知不觉中，多少个时辰过去了，水撩在地板上积少成多，最后竟从地板缝漏到了楼下的屋子里……

正是在与命运的顽强搏斗中，贝多芬成功地创作了一曲曲不朽的名作。当耳聋逐渐变化时，却正是重要作品产生的时期：1801年的《月光奏鸣曲》；1804年的《第三（英雄）交响曲》；1806年的《第四交响曲》《热情奏鸣曲》；1808年的《第五（命运）交响曲》《第六（田园）交响曲》。而这些重要的作品几乎都是完成在他那与世俗噪音隔绝的世界里。贝多芬的伟大正在于此！

"我要扼住命运的咽喉，它绝不能随意摆布我。"贝多芬的声音在耳

第三章
哭着过，不如笑着活

边回绕，正是对命运的不屈，成就了音乐史上这个伟大的人物。我们的心中，是否也有这样的呐喊？

　　当你听到贝多芬创作的经典名曲时，令你震撼的也许更应该是贝多芬对厄运、对人生的深刻思考。在厄运面前，保持精神的沉静和坚定，不因一时的挫折而斗志尽失，是你再次抬头的契机。以勇气、决心和乐观的精神境界面对突如其来的灾祸，一切都可以重新开始。

05 千里之行，始于足下

成功对于任何一个人而言，都是有可能实现的，上天对所有人都决无偏袒；它给予每个人获取成功的距离也是平等的；至于获取成功的时间，同样是公平的。

也许你对此表示怀疑，你认为自己一再努力却无法获取成功是上天的不公，但是，要知道世界上有许许多多像你一样的人，他们同样一直在刻苦努力却迟迟未能成功。

如果你的目标准确、信念坚定、方法正确、有足够的干劲、胆识以及耐心，那么，你迟迟没有成功就可能是因为你一直没有测量过你与成功的距离。

当然，这不是一个可以用尺子来丈量的问题，你与成功的距离不是空间，而是时间。也许是3年、5年，也许是10年、20年，也许更加遥远。你有足够的心理准备吗？

第三章
哭着过，不如笑着活

成功的历程也许是一双脚板走到底，火山、冰川、沼泽地，一望无际的大沙漠，还有神秘的大森林，黑暗无尽的山洞以及猛兽、魔鬼和吸血蝠，云雾般成群的蚊虫……

除此之外，并无食物供给的保障，一切都要靠你自己去获取。

你能够保证不中途离场吗？

赐于成功者的财富、奖牌是一种很有限的资源。所以，它不是所有人都可轻易得到的。

成功就像大浪淘沙，只有黄金才能最后留住。因为它的质量远远高于沙土及其他金属类。

黄金之所以珍贵，实在是因为它太稀少了。

看看一个16岁的非洲小男孩是怎样创造人间奇迹的：

1958年10月，年仅16岁的勒格森·卡伊拉开始徒步从南部非洲出发，他要穿过东非、北非，然后乘船前往美国。而他身上所有的财产就是维持5天的食物、一本《圣经》和一本《天路历程》、一柄小斧头和一块毯子。

对勒格森来说，他的旅途源于他的一个梦想，不管是多么遥远，这个梦想促使他决心要接受教育。他希望他能成为他心目中的英雄林肯和华盛顿那样的人。林肯虽然出生贫寒，却成为美国著名总统，为解放黑人奴隶进行不懈的斗争。他想要像华盛顿那样，是华盛顿打碎了奴隶制度的枷锁，成为一名伟大的改革者和教育家，为他自己和他的种族带来了希望和尊严。

他毫无分文，也没有任何办法支付船票。他根本不知道他要上哪所大学，也不知他会不会被大学接收。

但他知道旅途有3000英里之遥，途中有数百个部落，说着50多种语言，而且他对此一窍不通。

勒格森还是出发了，他必须踏上征途。他一心只想着一定要踏上那片可以帮助他把握自己命运的土地，其他的一切都可以置之度外。

他并非一直这么坚定。作为一个不大的男孩，他有时把自己的贫穷当作自己在学校没尽最大努力和不成功的理由。"我只是个穷孩子，"他曾这样对自己说，"我能做什么？"

对勒格森来说，他和村里的许多朋友一样，原本相信居住在尼亚萨兰卡荣谷镇的穷孩子学习只是在浪费时间。后来从传教士提供的书籍中他发现了林肯和华盛顿。他们的故事启发了他，使他重新审视自己的生活，并且认识到接受教育是他实现梦想的第一步。于是，他就有了徒步到开罗的想法。

在崎岖的非洲大地上，艰难跋涉了整整5天以后，勒格森仅仅前进了25英里。食物吃光了，水也快喝完了，而且他身无分文。要想继续完成后面的2975英里的路程似乎是不可能了，但勒格森清楚地知道回头就是放弃，就是重新回到贫穷和无知。

他对自己发誓：不到美国我誓不罢休，除非我死了。他继续前行，一刻也不停止。

有时他与陌生人同行，但更多的时候则是孤独地步行。每到一个新的村庄他都非常小心，因为不知道当地人是敌意的还是友善的。有时他找到一份工作，暂时有遮身之处，但大多数夜晚却是过着大地为床、星空为被的生活。他依靠野果和其他可吃的植物维持生命。艰苦的旅途生活使他变得又瘦又弱。

第三章
哭着过，不如笑着活

一次高烧使他病得很重。好心的陌生人用草药为他治疗，并给他提供了地方休息和养病。由于疲惫不堪和心灰意冷，勒格森几欲放弃。他推断说："回家也许会比继续这似乎愚蠢的旅途和冒险更好一些。"

他并未回家，而是翻开了他的两本书，读着那熟悉的语句，他又恢复了对自己的目标的信心，继续前行。从他开始这次冒险旅行到1960年1月19日已经有15个月的时间了，他走了近1000英里，到达了乌干达首都坎帕拉。此时，他的身体竟健壮起来，也有了更加明智的求生方法。他在坎帕拉呆了6个月，干点零活，并且一有时间就到图书馆，贪婪地阅读着各种书籍。

在图书馆里他找到了一本图文并茂的介绍美国大学的指南书，从这本书里他获得了诸多的信息。

位于华盛顿佛农山区的斯卡吉特峡谷学院成为勒格森申请的第一个院校。这看起来似乎是不可能成功的，但他决定立即给学院的主任写封信，述说自己的境况，并向学院申请希望得到奖学金。因为担心可能不被斯卡吉特接收，勒格森决定在他的微薄积蓄允许的情况下，给尽可能多的院校寄去自己的申请。

事实上，勒格森并不需要发出那么多申请，斯卡吉特的主任收到他的申请后，被这个年轻人的决心深深感动了，不仅接受了他的申请，还向他提供了奖学金和一份工作，其工资足够用以支付他上学期间的住宿费用。

勒格森向着自己梦想又前进了一大步，但更多的困难仍然阻挡着他的道路。

要到美国去勒格森必须具备护照和签证，但要得到护照他必须向美国政府提供确切的出生日期或证明。更糟糕的是要拿到签证，他还需要证明他拥有支付他往返美国的费用。

勒格森只好再次拿起纸笔给他童年时起就曾教过他的传教士们写了封求助信，结果传教士们通过政府渠道帮助他很快拿到了护照。然而，勒格森还是缺少领取签证所必须拥有的那笔航空费用。

勒格森并不灰心，而是继续向开罗前进，他相信自己一定能通过某种途径得到自己需要的这笔钱。正由于他非常坚信这一点，他花了自己仅有的一点积蓄买了一双新鞋，使自己不必光着脚走进学院的大门。

几个月过去了，他勇敢的旅途事迹——一次令人难以置信的长征也渐渐地广为人知。当他身无分文、筋疲力尽地到达喀土穆时，关于他的传说已经在非洲大陆和华盛顿佛农山区广为流传。斯卡吉特峡谷学院的学生们在当地市民的帮助下，寄给勒格森650美元，用以支付他来美国的费用。当他得知这些人的慷慨帮助后，勒格森疲惫地跪在地上，双手合十抱在胸前，满怀喜悦和感激。

1960年12月，经过两年多的行程，勒格森终于来到了斯卡吉特峡谷学院。手持自己宝贵的两本书，他骄傲地跨进了学院高耸的大门。

毕业后，勒格森并没有停止自己的奋斗。他继续进行学术研究，成为剑桥大学的一名政治学教授，同时还是广受尊重的作家。

勒格森出身卑微，但就像他崇拜的英雄——林肯和华盛顿那样，最终出人头地。因为他始终相信只要一步步走下去，就可以到达千里之外。

人生中很多真正的改变总是需要很长的时间，是有细小的改变、耐心的等候和微妙的决定组成的。有时候你人生的转变并不具有爆炸性，如果你想要改变就要培养持久的能力，而不是轻率的急于求成。水滴才能石穿。

第三章
哭着过，不如笑着活

06 在失败与挫折中得到收获

"水中捞月"的典故谁都知道。月亮在天上，一群傻猴子却费了好一番力气去水中拯救月亮。

所以，我们有"水中捞月——一场空"的歇后语。

但是，猴子们并非一无所获，仔细一想，我们就会发现，它们的这次荒唐之举，获取了不少的东西：

（1）锻炼了自己的团队精神。它们一个扯着一个地从高树枝上坠到水面上，这不是一件容易的事，其中某一个环节坚持不住了，其他猴子就会落水。这种合作精神是它们以后生存的重要资本。

（2）它们明白了一个道理：月亮在天上，不会掉入水中。水中的月亮不过是倒影，下次不干这种傻事了。

（3）好奇造就了猴子的智慧，而这种智慧是在一次又一次失败中逐步成熟的，它们决不会让自己的好奇心泯灭于一次失败之中，如果那样的话，它们早就退化了。

可见，并不是所有的失败都只有反面意义，下面的故事可以进一步说明其中的道理。

有只鸭子在河面上不断游来游去，想要找鱼吃，可是游了很久，却连一条鱼也找不到。

到了晚上，它看见月光反映在水中，以为是一条鱼，便连连潜下去捕抓。这时，其他的鸭子看见了，就大大取笑它一番。

受此打击之后，它即使真的在水里看见鱼儿也不敢再去捕抓，结果很快就饿死了。

我们的生活中并不是只有愚蠢的鸭子才会这样，即使是我们聪明的人类也同样会犯这样的错误。

每一个人在生活中都经历过挫折：一阵嘲弄的哄笑，当众被挖苦，被女孩子拒绝，你的产品一而再、再而三地被退货……当你经历了这样的挫折之后，你是不是掩面而逃呢？

一位温柔娴静的女子在结婚5年时，丈夫突然抛下她，和情人私奔了。她一直以来的精神支柱彻底倒塌了，她从来没有想过自己倾心相爱的丈夫会背叛自己。她一度伤心地割腕自杀，幸好被人发现送进了医院才没有丢掉性命。苏醒之后，她冷静了下来，重新规划了自己的生活。现在，她自己筹资开了一家鲜花店，当上了老板。她重新复活了，重新找到了一个知心爱人。在举行婚礼的那天，她悄悄地告诉自己：我会像爱自己的生命一样爱他，但如果有一天他离开我，我不会为他舍弃生命。

我们总会因为疾病、挫折或灾难而倒下，这并不可怕，我们总会有付出精力心血而血本无归的时刻，这同样不是世界的末日，倒下了，喘息片

第三章
哭着过，不如笑着活

刻，休息一下，重新积蓄力量就能够爬起来，寻找新的出路。

人生恰恰需要那种敢于"水中捞月"的精神——不管捞不捞得到，只要动手了，就会有收获。没有失败，你连成功的门槛都找不到。

所以，本田宗一郎说："我常犯错，好在很多错误不是一个原因造成的。"

"水中捞月"没什么可羞愧的，它起码让你再看到水中的月亮，知道那不过是水中的倒影而已。

07 伟大之人必有伟大的信念

很多成功者都有着三起三落的传奇经历。

毫不奇怪,因为这正是成功的规律所在,简单的理解方式:一起一落,让很多人心灰意冷,黯然退出;二起二落,更让人心寒,对成功产生了恐惧,彻底败下阵来;三起三落,最后大浪淘金,剩下的绝对是意志坚强却寥寥无几的人杰。

一个杰出人物的诞生,必定源自一个伟大信念的确立。

这会让我们想到:邓小平、华盛顿、林肯以及秦始皇、孙中山,等等。

他们都是三起三落才跌打出来的人类精英。

因为世界上没有唾手可得的成功,所以只有经得住反复锤炼的人才有可能达到目的。因为他们持有一种永恒不变的信念,所以,他们才有惊人的耐心坚持到成功的到来。

第三章
哭着过，不如笑着活

邓小平一生几次被打倒，几次爬起来。但无论什么样的"雷打火烧"，他发展中国经济的伟大信念至死不变。第三次出山，他已70高龄，但他还是完成了中国现代化建设的伟业。

华盛顿领导美国获得独立并建立民主制，林肯废除奴隶制，秦始皇统一中国，孙中山废除君主制……

一个人的伟大完全在于他的信念的伟大，一个人的成功完全在于他对信念的坚持。

140年前，英国有个不甘寂寞的富翁，70岁时突发异想，"妄图"创造一个人间奇迹。

这是一个伟大的想法——他要在大西洋的海底铺设一条连接欧洲和美国的电缆。如果这个妙想实现了，其商业价值无法估量，但这个工程的浩大也是可想而知的。

他，这个名叫希拉斯·菲尔德的老人，想尽各种办法，终于说动了掌权者，从英国政府那里获得了资金。然而，这笔资金来得实在不容易，因为在英国议会的投票表决中，仅以一票通过。看来，菲尔德这个项目在起步时就注定多灾多难。

果然，当菲尔德开始电缆铺设时，铺设路程不到五英里，电缆就断了。

不得已，菲尔德又进行了第二次铺设。当电缆达到二百英里长的时候，电线上的电流消失了，这证明电缆又断了。

他又重新购买了七百英里的电缆，并且请了最优秀的专家，买了最先进的机器来从事他的事业。遗憾的是，当七百英里长的电缆快要铺完时，电缆再次断了。

菲尔德的员工彻底泄气了，媒介和大众纷纷嘲笑菲尔德异想天开，那些投资者也没了信心，不愿继续向大西洋中扔钱了。唯独菲尔德没有放弃，他用自己的口才说服了投资人，这项工作又得以开工。这次还算一切顺利，电缆铺设完了，并且电源正常。然而，就要竣工的时候，电缆上的电流还是突然中断了。

此时，除了菲尔德和两个朋友外，几乎没人不感到绝望的。但菲尔德和两个朋友始终抱有信心，正是由于这种坚持不懈的毅力，他们最终又找到了投资人，开始了新一次的尝试。他们买来了质量更好的电缆，一路把电缆铺设了下去。一切很顺利，但在最后铺设横越纽芬兰六百英里电缆线路时，电缆突然又折断了掉入了海底。他们打捞了几次，但都没有成功。于是，这项工作就停了下来，一停就是一年。

一年之后，他又组建了一个新的公司来继续他的工作。1866年7月13日，这项壮举终于完成了。菲尔德发出了第一份横跨大西洋的电报！电报内容是："7月27日，我们晚上9点达到目的地，一切顺利。感谢上帝！电缆都铺好了，运行完全正常。希拉斯·菲尔德。"

菲尔德和他的同仁们铺设的电缆至今仍然被人们使用着。

第三章
哭着过，不如笑着活

08 潜能之所以为潜能，
　　是因为信则有不信则无

非常的人生和非常的成功，要求你必须具备非常的意志与能力。这就是改变世界的能量，你相信它是存在的，它就存在，如果你不相信它的存在，那它就从来没有存在过。

有的人就是那么的与众不同，别人做不到的事，他偏偏能做到，别人所不具备的超强意志和非凡能力，他却体现得淋漓尽致。

他不是神，却可以创造出神话般的奇迹。

这就是因为他比平常人多了一种神奇的力量，堪称人的第二生命力的潜能。

潜能人人都有，但人与人的区别，往往就在于他人有的，你却迟迟找不到它的存在。

更可悲的是，人家把潜能发挥得淋漓尽致、得心应手，而一些懦弱的人却至死不肯相信人还有什么潜能力。

潜能不能招之即来，挥之即去，就是因为，它是万能的上帝，而不是呵护你、伺奉你的奴仆。

要想引发潜能的出现并为己所用，你就必须了解它的特性。

潜能就像一只万能的睡魔，它是极其懒惰的，是很难苏醒过来的。它经常是随着生命沉睡几十年，一次未醒便又随死亡而去。

人生最大的浪费，就是未能对自己的潜能做出应有的开发和充分利用。

潜能堪称人的第二生命力或储备能量。它像空气、像阳光、像地心磁力，无形，却实实在在地存在，你根本不必去怀疑它是有限的，应予以节约使用。

只要你相信它是无限的，它就会变得无限：它会在你合理调动使用下，愈加变得威力强大且源源不断。

人类对于潜能的发现并不算晚，但是却一直没能真正认识和完全接受它。相反的，我们的常识与习惯却是处处小心，提防这只魔鬼的出现，并且，为此设置许多咒语：异想天开、匪夷所思、痴心妄想以及白日梦、蛇吞象、癞蛤蟆想吃天鹅肉等等。

人类的脆弱往往还会表现出对自我强大的恐惧——害怕成功。

一句"量力而行"，足以摧毁一个人的潜能意识，让你变得比别人更稀松平常。因为你无法做到比别人干得更多一点，想得比别人更丰富一些。

当然，我们强调潜能的威力，并不是让你去拼命，而是利用信念的力量调动潜能的发挥。借以达到看似不寻常的成功。

总而言之，对于一个有志成功的人来讲，潜能是一种可贵的力量，

第三章
哭着过，不如笑着活

对于某些胸无大志，懒惰成性的人而言，潜能是一个笑话，是根本不存在的。

所以：有志者事竟成。

不可思议式的惊人成功，必定存在它不可思议的超常之处。

比尔·盖茨一个人的身家资产，远远超过许多经济较发达国家的国库储备。这正是他充分地调动和发挥了他的潜能的结果。

如果他没有异想天开的远大志向，没有匪夷所思的超常创想，没有蛇吞象的野心，他怎么会有今天的成就呢！

他明白量力而行，是弱者的信条，而一个强者，必须选择那些他人敬而远之的"不自量"的大事来做，因为大家都做得来的"成功"，不是真正的成功。

目前的科学知识解释不了的奇异现象多得很，而这种奇异现象决不会等到有了合适的解释才会面世，它们自古便有之。

一个叫曼格图的人，他一生吃过12辆自行车，18台电视机，瓷盘子、轮胎等无所不吃。这看上去就像特异功能。

当看到他坐在草地上，口中嚼着锋利的瓷盘碎块，并时不时拈过一只钢钉放在嘴中"调调口味"，对着电视镜头吹牛时，你一定会目瞪口呆。

但曼格图这样说："其实这没什么，只要你想吃就可以吃掉它，并能消化它！"

无论怎样，我们都可以从这些事例中了解到潜能的存在，并且认识到它是威力无穷的。认识到这一点，我们才能够在今后的工作中合理地开发利用它。

美国一个心理研究组织曾做过一项实验：安排几个志愿人员，先测量每个人的握力平均是101磅，然后将这些人催眠，并暗示他们现在是软弱无力，浑身没劲。

经过这种催眠暗示之后，再重新测量他们的握力，结果发现，他们的平均握力居然只有60磅左右了。

但是，在同样被催眠的情况下，如果给予他们一种完全相反暗示，告诉他们每个人都是大力士，强壮无比。如此一来，其平均握力竟可以达到140磅。换句话说，他们的平均握力在瞬间增加了40%。

量力而行的人只知道自己日常生活中所显示出的能力有多大，他只相信这种表面现象，那些不自量力的成功者则是透过表面看到潜能的力量，

第三章
哭着过，不如笑着活

并懂得怎样借助它们为自己出力。

就目前条件而论，人类潜能的表现与发挥，大多属于在被动情况下的意外爆发，或者不知不觉间在工作、运动中的流露。

以下几个小例子，不但可以让你认识到潜能的神奇，也可了解到几分引发它出现的理由：

1.求生的欲望

人一旦被置于绝地，面临死亡的威胁，求生的动物本能即刻被唤醒。这时候的人，包括其他大小动物都会拼力最后一搏，甚至宁可舍弃某一肢体，也要逃离死亡。在这种巨大恐惧的压迫下，人会产生一种不可思议的神奇力量。

一位动物学家在研究生活于非洲奥兰治河两岸的动物时，注意到河两岸的羚羊大不一样，东岸的羚羊繁殖能力比西岸的更强，而且奔跑的速度每分钟要快13米。

他感到十分奇怪，既然环境和食物都相同，何以差别如此之大？为了能解开其中之谜，动物学家和当地动物保护协会进行了一项实验：在两岸分别捉10只羚羊送到对岸生活。结果送到西岸的羚羊发展到14只，而送到东岸的羚羊只剩下了3只，另外7只被狼吃掉了。

谜底终于被揭开，原来东岸的羚羊之所以身体强健，只因为它们附近居住着一个狼群，这使羚羊天天处在一个竞争氛围中，为了生存下去，它们变得越来越有战斗力。而西岸的羚羊长得弱不禁风，恰恰就是缺少天敌，没有生存压力。

2.潜能的迸发

陷入困境的人，往往大脑形如空白，平日里的犹豫、恐惧，面子以及各种世俗的束缚，统统一股脑地不见了。剩下的只一个意念：活下去！

在"活下去"这种简单得不能再简单的原始意念支配下，所有生命极限都将被突破——奇迹往往是在这种时刻诞生的。

一位法国飞行员，在清洗战机时，突然一只硕大的狗熊出现在他背后，举起两只前爪向他扑来。在千钧一发之际，他用尽全身力气纵身一跃，跳上了机翼，得以逃生。

机翼离地面的距离至少在2.5米以上。这是个人类跳高运动的极限高度。

他创造了2.5米的纪录后，在人们的鼓励下，他曾尝试向体育极限挑战，遗憾的是，他再也没有跳上机翼，他明智地放弃了这种努力，重新回到他的飞行机上去干他的老本行。

3.彻底的醒悟

人是有思想的动物，而思想往往会令人置于顽固之中，不可自拔。无论什么样的劝告，来自于什么人的批评，都无法感化他的顽固和执迷不悟。

直到他有一天坠入了走投无路的绝望境地，他才会自我醒悟。而这种刻骨铭心的自我醒悟，比他读十本书、听半年的训导课作用大得多。而奋起自救的潜能也会不由自主地油然而生。

这些特殊的例子，只是向你证实一下潜能的存在和它不可小觑的威力。为的是，请你相信并在今后充分地发挥利用它。

能力有限是大家都将自己的潜能力排除在外的一句口头禅，只要懂得了调动潜能，相信它的神奇，你即可做到能力无限。

无法想象一个顽固不化的糊涂虫怎么可以在艰难复杂的创业之路上获得成功。

第三章
哭着过，不如笑着活

每一位成功者，无论他具备什么样令人难以忍受的个性，他必定是一个头脑清醒、异常理智的人。

置于绝地是任何人都不希望的，没人希望自己有朝一日走投无路。

然而，现实就是那么的残酷无情，它留给成功者的地盘实在是太小了！更多的余地却在成功的圈外。相扑游戏者的成功只限于那小小的圈内，跌出圈子即算输，而且圈子里还有一个小山般肥硕的大家伙拼命地往外挤你。

相扑运动之所以是日本人的最爱，其中与日本民族坚忍不拔、喜欢残酷竞争的心理素质有关。成功的地盘越小，对于一个赢家来讲才更值得骄傲。如果说凡是地球上生存的人都是成功者，成功便失去了意义。

成功的意义即在于，你的与众不同，你的出类拔萃和你是站在顶峰上的少数优秀的人。

所以，成功才有价值，才令人敬仰和钦佩。

困境是人生必须多次面临的现实。聪明者都一次又一次地从中获取财富。

绝地是创造奇迹的难得机遇，把握住它，你就会再现人生的辉煌。

09 因为我不要平凡，
   所以比别人的苦难更多

如果你是个有凌云之志的人，你想要有一天成龙，你就要从一般人的思维模式中跳出来：他们对龙崇敬和向往，但是他们又坚信龙是不存在的，世界上根本没有龙。

如果你根本就不相信龙的存在，你又怎么会变成龙呢？同样，如果你根本不相信自己会成为一个伟大的人，你只能平凡地过一生。

对于平凡的认同，注定无法达到卓越。

龙的志向、龙的品质、龙的自信和龙的耐性，只有具备了所有这些龙的素质，你才可能成龙。

总而言之，与众不同才为龙。

庄子曾写过这样一个故事，叫《任公子钓大鱼》：

任国的公子做了一个很大的钓鱼钩，用很粗的黑丝强系上去，用50头犍牛做钓饵。他蹲在会稽山顶上，把钓竿子上的饵投到东海，每天都

第三章
哭着过，不如笑着活

这样垂钓，整整一年过去了，他却一条鱼也没有钓到。一些专爱说长道短的人开始议论纷纷地嘲笑他，但他毫不理会。后来有一条大鱼吞了他的鱼饵，一会儿牵着大钩沉没水底，一会儿张鳍摆脊愤怒地窜出水面。只见白浪如山，海水震荡，叫声如鬼哭神嚎，千里闻之都会心惊肉跳。任国的公子终于钓到了这条大鱼。他把它开肠破肚，切成许多块，然后加工制成鱼干。自浙江以东、南岭以北的广大地区，所有的人都饱餐了这条大鱼。这件事情过去以后，那些才疏学浅专爱说长道短的人，都惊奇地相互传说着这件事。

由此看来，拿着普通的钓具，成天在小沟小河旁边打转，眼睛只看见鲇鱼、鲫鱼一类小鱼的人们，要想钓到大鱼实在是太难了！那些发表肤浅的议论却希望博得高名美誉的人，他们离深明大义、洞彻世事的思想境界，也相差很远啊！

任公子和那些说长道短的人之间的不同，就是卓越与普通的区别。

与众不同绝非易事，你必须做到：吃得了常人所不能的苦，受得了常人所不能的罪，忍得了常人所不能忍的辱……

由人变龙，必须要经历几场痛苦的蜕变，而由行走到飞天则更需要一番脱胎换骨。如果你没有龙的素质又何谈上青天呢！

很多的名人志士，很多了不起的成功者，当他们面临困境，在受苦受难时，都会想起那段名言："天将降大任于斯人也，必先苦其心志，劳其筋骨，饿其体肤，空乏其身，行拂乱其所为，所以动心忍性，曾益其所不能。"

然而，这段话却不是一句万能的魔咒，任何人在遇到挫折时念上几遍就会起死回生。它的功效因人而异，作用不大相同。

首先，你必须明白自己是个人才，有自己的志向，有自己明确而坚定的目标。它才能够帮助你战胜逆境。

我们都知道战国时苏秦发奋读书，以钢锥刺股的故事。他为什么一定要这么做？因为他清楚自己的才干，将来定会成为一个了不起的大战略家，之所以目前尚未成功完全是因为学业未精，因此，必须做到别人无法做到的努力，必须经过一番"苦其心志，劳其筋骨"的痛苦煎熬。

才干、志向和不懈的努力是苏秦获取成功的三大因素。

对成功而言，这三种因素缺一不可。

苏秦从自己的成功中总结出了这样一个定律，反过来他亦要求别人必须做到，特别是他看重的那些有志向并具有才干的人。

苏秦与张仪是同学、好朋友，曾同时在鬼谷子门下学习纵横术。

苏秦出道较早，成功大大早于张仪，而张仪初出道时很不顺利，怀才不遇，郁郁而不得志，看到苏秦已成大事，张仪便想投其门下，想找到一

第三章
哭着过，不如笑着活

条晋升的捷径。于是，他投到苏秦的门下，期望求取晋见的机会。苏秦的属下安排他住下来，过了好几天张仪才得以见到这位发达的老友。可惜，苏秦没有热情地款待他，吃饭的时候，不但没有让他同坐，还安置他在最末的位子，吃着仆役们才吃的粗饭。接着苏秦又用话语去羞辱他，说："以阁下的才干，怎么会潦倒到如此境地呢？我实在没有法子帮你，你还是靠自己的运气吧！祝你好运了。"

远道而来的张仪，满以为见到老朋友之后，一定会得到热情的招待和帮忙的，没想到反而招来一番羞辱。于是，他愤怒地离开了苏秦的住处，希望凭着自己的才能，与苏秦一争高下。

当张仪走了以后，苏秦又暗中派人沿途用金钱接济他，支持他进行游说秦国的工作，苏秦的门人们很奇怪，纷纷问苏秦是怎么回事，苏秦说："张仪的才干，在我之上，我怕他为了贪图一时的眼前小利，过分安于现状而丧失了斗志。所以，我侮辱了他一番，以激起他的上进心。成大事者必须经过一番艰苦磨练才行啊！"

事实证明，苏秦是正确的。

张仪因遭到一个成功的老朋友的羞辱与驱逐，忿恨之余，也大大激发了他的上进心——我张仪才能不在你之下，干嘛非要投奔在你的门下，仰人鼻息，摇尾乞怜！

大丈夫行事，只有完全凭自己的能力闯出一片天地来，才会让人看得起，才能出人头地。

张仪凭着这样一种激情，四处奔走、游说，充分展示出自己政治与外交的才干，最终成为与苏秦齐名的"合纵连横"的领袖人物。

试想一下这个问题：如苏秦当时很热情地收留了张仪，并给予他很好的待遇，那么，在人屋檐下的他还会有后来的巨大成就吗？

绝对不会的，因为他的才能只能是在苏秦允许的范围内施展，而且必须打苏式拳。如此一来，他不得不做一辈子苏秦麾下的一名走卒。

天才有两种概念：一种是矿石天才，另一种是经过苦难的熔炉冶炼成金的天才。

矿石天才这世上多得很。很多人生来便具有一个聪明过人的头脑，从小学到大学一直显得卓越不凡。然而，一旦踏入社会实践之后，他便从此消失，一个看似不错的工作岗位让他忘记了自己是个天才。

知道自己是个天才，并敢于将自己投入苦难的熔炉中冶炼的人，才会最终由矿石变成黄金。

但是，没有几个人甘愿这样折磨自己，很多人是被各种外界因素推进火炉的。就像苏秦推张仪那么一把一样。

所以，世界上很多成功的人，很多天才是被逼出来的。

想要变得不平凡，就要比平凡人经历更多的苦难。

第三章
哭着过，不如笑着活

10 每天都要问自己：你竭尽全力了么？

成功不是你敢喊一句"芝麻开门"，它就会陡现于你面前的。

成功可以创造神话，但神话却不能创造成功。

"死撞南墙不回头"者，永远是大家嘲讽的对象。因为这种人太傻，是疯子，鬼迷心窍。从来没有人关心过他们为什么要执著地死撞南墙不回头，即使他们头破血流，也会倒地之后再爬起……

因为成功就在"南墙"内！一墙之隔，成败之分。没有撞倒南墙的恒心与勇气，成功不会砸到你的头上来。

马克西·法勒36岁时参加了加利福尼亚律师资格的考试，他没有通过。所以，他又试了一次，又失败了。又试了一次，还是失败了。他在洛杉矶、圣地亚哥、旧金山和加利福尼亚的所有地方都参加过律师资格考试。在他的孩子还很小的时候，他就开始参加律师资格考试。现在到了他这个年龄的许多人都考虑退休了，可是他还在参加律师资格考试。

25年之后他终于通过了考试。在此期间，他一共花费了5万美元的考试经费，参加了无数次的复习课程学习，在考场里花费了144天，他一共参加了48次考试，最后终于通过了。而他也61岁了。

"因为我不可能放弃，"他解释说，"我不会放弃，我的出发点是——我是可以通过律师资格考试的，只要我不放弃，我肯定能通过考试。"

不管尝试了多少次，马克西·法勒都不认为自己是个失败者。在20世纪50年代，当时的法律和审判对黑人来说是不公平的。马克西·法勒认识到了这一点，从那时起，他就决定要成为一名律师，一定要为黑人伸张正义。一些坚持正义的律师的事迹深深打动了他，从那时起他就确定了要用法律来改变这个社会的目标。

这么多年来，马克西·法勒在参加考试复习班中的成绩一直都在前10名，而且人们对他的法律知识非常钦佩。可他常常感觉，他在第三次参加考试时懂得的法律知识和在第48次参加考试时懂得的法律知识一样多。

第三章
哭着过，不如笑着活

问题出在哪儿呢？

很明显，马克西·法勒在考试中考得不好。加利福尼亚的律师资格考试号称失败率最高的考试，而且基本上是笔试。但是，就像马克西·法勒的独生子指出的那样，马克西·法勒的句子构造不是律师需要的那种风格。马克西·法勒当然知道问题出在哪里，可他宁愿做更多的练习，也不去学习学术法律。

当其他落榜者转向其他行业之后，他的家庭和朋友就一直支持他坚持下去。每一次失败后，他妻子都给他递上另一份申请表，并鼓励他说，"你知道，马克西，这一次你已经很接近了，再试一次，我相信下次你会通过的。"

这使得马克西·法勒想起了以前上学时班上的几个懒惰的学生，其中几个现在正从事法律方面的职业。"我为什么要放弃呢？"马克西·法勒反问自己。

他说："每次考试时我都持'我是第一次参加考试'的态度，这样对消除我的顾虑很有效。"他还坚持自己肯定会通过这次考试，这种坚定的信念对他很有帮助。"这样一想，我就感觉我通过了每次考试，只是它们不通过我，我也没办法。"

第48次尝试后，马克西·法勒的一个儿子接到了那个装着通知书的信封，马克西·法勒接过信封就将它扔在了壁炉架上，就像他对待25年来接到其他信件一样，而那个信封就呆在家中最好的瓷器上面，好几个小时，没有人打开它。马克西·法勒的儿子最终打开了它，随着一声欢呼，他跳到父亲身边，开始亲吻他。马克西·法勒用了40分钟才相信从儿子嘴里发出的声音："祝贺你，马克西·法勒先生……"

在马克西·法勒的就职仪式上,数千名同事到场向他表示敬意,他们从来没有见过具有如此乐观精神和坚韧毅力的人。

法勒的成功,是永恒信念的结果。

而且,他这种执著的追求决不是为挽回面子什么的,他就是要成为一名为黑人伸张正义的律师。所以,61岁通过资格考试之后,他马上开办了一家律师事务所。

他对自己的顾客说:"我能为你们的案子争取到最好的结果。"

他们相信,没人怀疑他的话,因为他早证明给大家看了。

法勒的成功是双赢式的成功——48次考试的失败,等于一直在向人们宣扬他的坚强信念,他若给自己做广告,只要一句话"我是马克西·法勒"就足够了。

因为他48次"撞南墙"的经历已经使他成为名人。

所谓的功夫不负有心人就是这个道理。

同马克西·法勒相比,中国古代有个同样的"撞南墙"的人,他竟然给自己立起了一道"铁墙",并发誓一定要"撞穿"它。

五代时人桑维翰,他很有才华,一心想考中进士。

他第一次应考时,遇到了一个很迂腐的主考官。这个主考官在评考卷时,看到桑维翰的名字,觉得"桑"字与"丧"字同音,很不吉利,就说:"这个生员怎么姓桑呢?他的文章也不用看了,就是写得再好,也不能录取他。"

发榜以后,桑维翰见自己没有考中,就去打听原因。当他得知竟然是因为自己的姓与"丧"字同音就使自己落榜时,非常愤怒,决定要写一篇文章来破除这种迷信。

第三章
哭着过，不如笑着活

桑维翰的文章叫《日出扶桑赋》，扶桑是我国古代传说中太阳升起的地方，桑维翰在文章中说，太阳升起的地方都叫扶桑，说明这个"桑"字并没有什么不吉利，自己为什么会因为姓"桑"而落榜呢？说自己姓"桑"不吉利，这不是毫无道理的事情吗？

当时，有人就劝他，说通过其他途径也可以达到做官的目的，不一定非要去考进士。桑维翰却铁了心，说："我的志向已经定下来了，非考进士不可！"

为了表明自己的决心，桑维翰特意请铁匠铸了一块铁砚，他拿着铁砚对大家说："除非这块铁砚磨穿了，否则，我决不放弃！"

他一次又一次地努力，一次次地失败，最终还是考中了进士。

一个坚定信念的确立，就像你重金聘请了一位魔鬼训练营中冷酷无情的教官，他口中衔着哨子，手中握着鞭子，一双冷漠的眼睛死死盯住你不放，他不允许你多休息一分钟，不允许你放下工作去享受，甚至也不准你在妻儿身边呆更久。

他的命令是不可违的，即使在你精疲力竭时，他要求你爬也要爬到终点，而且会不停地鞭打你。

他的常用语是：

"坚持，再坚持！"

"继续，不许放手，绝对不可以！"

"如果承认失败，我就杀了你！"

任何一个在事业上获得真正成功的人，无疑都是这种"训练营"调教出来的高材生。

成功的过程是残酷的，更多的时候还很无聊。

成功的喜悦是短暂的，而创造它的时间却很漫长。

别人做到了，你做不到即是失败；别人做不到，你做到了即是成功。

娜拉小时候学芭蕾舞时，父亲对她严格得近乎残酷。每当她想停下来休息时，父亲总是问："你竭尽全力了吗？"娜拉便咬牙继续练，直到筋疲力尽无法站立时，才瘫坐在地上休息。

日复一日枯燥乏味的练功生活使娜拉觉得学芭蕾舞根本不是想象中那么美妙，简直是一种痛苦，她开始厌烦练功，并对父亲说，打算放弃芭蕾。

父亲听了她的打算后问："当初是谁决定让你学芭蕾舞的？"

娜拉惭愧地说："是我。"

父亲说："你今天放弃了芭蕾，明天还会放弃别的，因为你干任何事情都会遇到无法预料的艰难。如果你决定去做什么事，你就要用尽全力去做，否则你会一事无成。"

娜拉委屈地说："可我天天的生活都是一样的，那就是练功。"

父亲说："任何一个学芭蕾舞的人都是这样，别人都能做到，你为什么不能，除非你承认自己是弱者。"

娜拉不承认自己是弱者，她觉得那么多人都能做到，我也一定能做到。她经常用父亲的话问自己："你竭尽全力了吗？"练功累了就用海棉擦洗一下四肢，借以恢复体力。最后她的舞步练得灵巧超群，终于成了一位著名的芭蕾舞演员。

每一天你都要这样问自己几次："你竭尽全力了吗？"

你还要经常这样告诫自己：别人能做到，我也一样！

第三章
哭着过，不如笑着活

11 祸兮福所倚，
　　福兮祸所伏

汤姆10岁时在一次车祸中失去了左臂，但就是这样一个小男孩，一心想学柔道。

父母不想伤他的心，就让汤姆拜一位日本柔道大师做了师傅，开始学习柔道。他学得不错，可是练了3个月，师傅只教了他一招，汤姆有点弄不懂了。

汤姆终于忍不住问师傅："我是不是应该再学学其他招术？"

师傅回答说："不错，你的确只会一招，但你只需要这一招就够了。"

汤姆并不是很明白，但他很相信师傅，于是就继续照着练了下去。

几个月后，师傅第一次带汤姆去参加比赛。汤姆自己都没有想到居然轻轻松松地赢了前两轮。第三轮稍稍有点艰难，但对手还是很快就变得有些急躁，连连进攻，汤姆敏捷地施展出自己的那一招，又赢了。就这样，

汤姆迷迷瞪瞪地进入了决赛。

决赛的对手比汤姆高大、强壮许多,也似乎更有经验,有一度汤姆显得有点招架不住,裁判担心汤姆会受伤,就叫了暂停,还打算就此终止比赛,然而师傅不答应,坚持说:"继续下去!"

比赛重新开始后,对手放松了戒备,汤姆立刻使出他的那一招,制服了对手,由此赢了比赛,得了冠军。

回家的路上,汤姆和师傅一起回顾每场比赛的每一个细节,汤姆鼓起勇气道出了心里的疑问:"师傅,我怎么就凭一招就赢得了冠军?"

师傅答道:"有两个原因:第一,你几乎完全掌握了柔道中最难的一招;第二,就我所知,对付这一招唯一的办法是对手抓住你的左臂。"

所以,最大的劣势变成了他最大的优势。

汤姆没有左臂,这对一个柔道选手来说是天大的劣势,然而,师傅教他这招,唯一可以破解的方法就是抓住他的那并不存在的左臂。

他赢得了冠军。

赛前,所有人都会认定他必输无疑,除了师傅之外。

世间事都是优势中隐藏着劣势,而劣势中必蕴育着独特的优势——只要肯发挥,肯努力。每个人都有劣势,但并不是所有的劣势都会成为你成功的阻碍,只要你懂得扬长避短,甚至化劣势为优势,你就有了反败为胜的力量。

沙漠之下往往蕴藏着大量的石油,荒山之中常有矿藏被发现,跳蚤虽小却可以飞纵即逝,癞蛤蟆笨拙无比却很少有人敢碰它一下……

世界第一名女性打击乐独奏家伊芙琳·格兰妮说:"从一开始我就决定:一定不要让任何困难阻止我成为一名音乐家。"

第三章
哭着过，不如笑着活

她成长在苏格兰东北部的一个农场，从8岁时她就开始学习钢琴。随着年龄的增长，她对音乐的热情与日俱增。但不幸的是，她的听力却在渐渐地下降，医生们断定是由于难以康复的神经造成的，而且断定到12岁，她将彻底耳聋。

可是，她对音乐的热爱却从未停止过。

她的理想是成为打击乐独奏家。为了演奏，她学会了用不同的方法聆听其他人演奏的音乐。她只穿着长袜演奏，这样她就能通过她的身体和想象感觉到每个音符的震动，她几乎用她所有的感官来感受着她的整个声音世界。

她决心成为一名音乐家，于是她向伦敦著名的皇家音乐学院提出了申请。

因为以前从来没有这种事发生：让一个聋学生加入音乐学院！所以一些老师反对接收她入学。但是她的演奏征服了所有的老师，她顺利地入了学，并在毕业时荣获了学院的最高荣誉奖。

从那以后，她的目标就致力于成为第一位专职的打击乐独奏家，并且还谱写和改编了很多乐章，因为那时几乎没有专为打击乐而谱写的乐谱。

至今，她作为独奏家已经有十几年的时间了，因为她很早就下了决心，不会仅仅由于医生诊断她完全变聋而放弃追求，因为医生的诊断并不意味着她的热情和信心不会有结果。

我们知道，伟大的音乐家贝多芬也是聋子，但稍有不同的是，他成为音乐家以后才变聋的，所以，他可以更多地做些谱曲的工作。

格兰妮却大大不同，她只是个想当音乐家的聋耳少女。她要练就一身超人的本领并进入皇家音乐学院学习，然后再去实现她成为一名音乐家的

理想。

耳聋也算一种残疾。这种人做什么都还可以，只有一种工作是她绝对无法胜任的，那就是音乐家。

她的自身条件与理想可谓水火不相融。

可以说，她是走投无路。

走投无路对于一个信念不坚定的人来说，是无法改变的事实，但对于一个意志坚强的人而言：它却是一条光明大道。

耳朵残废了，她就利用全身的感官来听——每一个毛孔，每一个细胞，全身的皮肤及神经都成了她的耳朵！

她失去了一双真正的耳朵，却多了千千万万只辅助的耳朵。

她不但创造了音乐史上成功的范例，也创造人体潜能发挥的奇迹。

困境有时只是座虚设的山，有时它又是一块指路的标牌，上面清楚地写着：从我身上踏过去，你就会走向成功的。

第三章
哭着过，不如笑着活

12 蜕变是生命
　　的自我强化

奇迹，有时需要漫长的等待；复活，更需要超凡的耐心。

在北方零下40度的严寒中，大地一片萧杀气象：满目皑皑白雪，脚下是两米厚的冻土层；呼出一口气，瞬间结为冰雪颗粒，湿热的手碰到铁器会粘去一层薄皮……

此时此刻，你几乎无法相信在这个世界上，除了穿得厚厚的人和一些耐寒冷的毛皮动物之外，还会有什么生命存在。你甚至担心再也看不到鲜花和蝴蝶，还有青蛙与小鱼。是的，这样的温度下，那些可怜的弱小生命如何能存活下来呢！

挫折会让人感觉如同置身于此种环境——令人绝望的死寂而寒冷的氛围。

这样的环境会让你对春天产生极大的怀疑。

然而，所有的生命却都会在春天里一样不少地重新出现。

你不能不对这种顽强的生命循环感到惊奇,尽管你清楚它们在冬眠。在几米深的冻土下或薄薄的茧壳中,在那死寂黑暗之中一动不动地蜷缩着大约9个月,20余个日日夜夜!这是生命的一个奇迹。

昆虫和青蛙们都明白:必须顽强地度过冬眠期限才能见到春天,这是生命付给物种延续的必不可少的痛苦代价。

与其相比,人类是多么的幸运。睡眠对于我们来说,只是种休息与享受。所以,我们不必经受那炼狱般的漫长无际的煎熬。不过,人生到底还是无法彻底逃离类似的"冬眠期"的生死考验。

对于一个事业受挫、败下阵的人来说,就像在经历一个漫长萧瑟的冬天,时间就是一把在你那颗流着血的心上不停锉动的刀子,它一刻不停,看似永远:一年、两年、三年……

当然,只要你喊一声"我放弃了",它就会停了下来。

但是,你将再也看不到春天的到来。

冬季里的一天,一个孩子与父亲一起来到花园中散步。

孩子在玩耍时发现一棵树已经死了。它的树皮已经剥落,枝干也不再呈暗青色,完全枯黄了。

孩子对爸爸说:"爸爸,那棵树早就死了,把它砍了吧!我们再种一棵。"爸爸说:"也许它真的不行了。但是,冬天过去后它可能还会抽枝发芽的,给它点时间,也给我们自己些耐心。"

果然不出父亲所料,第二年春天,那棵好像已经死去的树居然真的重新萌生新芽,和其他树一样在春天里展露出生机。其实这棵树真正死去的只是几根枝杈,到了春天,整棵树枝繁叶茂,和其他的树木并没有什么差别。

第三章
哭着过，不如笑着活

蝉，在昆虫类中应该算是生命力最顽强、寿命最长的物种之一。它们平均寿命为6~7年。就一只小小的昆虫而言，这种寿命不能不令人惊奇。

不过，当你了解了这种昆虫中的强者的成长过程之后，你就会明白这样一个道理：痛苦是强者的摇篮。

一只蝉的卵，要在深土中经过三四年蛰伏，一次又一次的蜕变，壮大，最后才会生出翅膀飞到树上去。在正式成为蝉之前，它不过是一只地下的土虫，它苦苦地忍耐，顽强地经受着自然界优胜劣汰、弱肉强食的考验，为了能够成为一只飞来飞去、振翅鸣叫的蝉，努力拼搏。

生命的顽强源于制造过程的严酷、考究，否则，它们只能是那些几十天寿命的劣种。

如果将一只刚刚捕捉到的蝉捏在手指间时，你会被它那强劲的挣扎力量所折服。另外，它的鸣叫声几乎可以同汽车喇叭媲美，堪称昆虫类中叫得最响的。

它们的强大，无疑是一次又一次蜕变的结果。

然而，蜕变是痛苦的。这种痛苦包含着暂时丧失攻击与自卫的能力，很可能轻意成为他人猎物的极大风险；蛰伏期漫长的寂寞与等待，以及形体更新的巨痛，等等。

蜕变，是一种生命力的自我强化过程；

蜕变，是造就强者的唯一模式。

蜕变的蛰伏期越长，重新站起来就越坚强，威力也更大。

这方面的例子，勾践"卧薪尝胆"的故事最有说服力了。他投降后给吴王当了三年的马夫，回国后"十年生聚，十年教训"，终于使赵国渐渐强大起来，一举灭了吴国。前前后后他至少经过近二十年的蛰伏蜕变期。

若无超人的意志与耐心,他怎么会等到成功的到来呢?

蜕变也是一种艺术,一种获取成功的人生艺术。

第三章

哭着过，不如笑着活

13 愈挫愈勇 才为真英雄

拿破仑说过："人的荣耀不在于永不失败，而在于跌倒后再爬起来。"

这正是这个矮子巨人的人生真实写照。他不是个天才，但他却是超越了众多天才的伟人。无论政治上、军事上或是人生哲理，等等，他都是个堪称令人惊诧不已的人物。

也许因为他矮，所以，每次倒下，他都能很快爬起。

他是这方面的专家，跌倒之后便爬起来。

在北欧有一种风俗，如果有人偷羊被抓到，就会在他的额头烙上英文字母ST，就是偷羊贼的意思。

有两个年轻人犯了这样的错误并受到了这种惩罚。其中一个人觉得这是莫大的羞辱，无颜再见父老乡亲，于是，他便远离家乡到远方谋生，但是常有人问他额头上的字是什么意思。他整天痛苦不堪，最后抑郁自杀了。

另一个则坚持留在当地，勇敢地面对家乡父老，以具体的行动，证明他的改变。一年一年过去，他重新又在当地建立起良好的声誉，再没有人觉得他额头上的烙印有什么不好，反倒时常感到那是一种荣耀的标志。当他年老时，一个路过的旅客好奇地问当地人，这人额头上的字母是什么意思？

"喔！我也不太清楚，那可能是圣徒（圣徒与偷羊贼的缩写都是ST）的缩写吧！"当地人骄傲地回答。

大丈夫是指男人中的精英。只有那些胸怀大志，意志坚强，永不言败的铮铮铁汉，才有资格称得起大丈夫。

然而，"大丈夫"却不一定是成功的代词，恰恰相反，它更具有悲壮的英雄色彩。也就是说，更多的时候，人们用它来赞美那些跌倒在地，却执著爬起的失败者；那些"壮志未酬身先死"的勇士等等。

赞美失败，需要一定的勇气，是一种成功的素质的体现。只有正确看待失败，认识失败，转化失败的负面影响的人，才能够得到最终的成功。

人穷志短，一个穷字，让许许多多的人匍匐在地，永不想爬起。但是，贫穷也让许许多多的人奋起思变，而且，成功往往就是被这些怀有破釜沉舟之志的人所获得。

贫穷更需要坚强，而坚强才可造就成功。

东汉名将马援，从小就胸怀大志，他打算到边疆去发展畜牧业。马援长大以后，当了扶风郡的督邮。有一次，郡太守派他送犯人到长安。半路上，他觉得犯人怪可怜的，不忍心把他送去受刑，就把他放走了。自己也只好丢了官，逃亡到北朝郡躲起来。这时恰好赶上大赦，以前的事不再追

第三章
哭着过，不如笑着活

究。于是他安心地搞起畜牧业和农业生产。

然而，他并无资金来源，加之人生地不熟，创业自然坎坷艰难。他完全是凭着一股坚定不移的志向，白手起家，一点点地发展的。七年后，马援成了一个大畜牧主和地主。他有牛羊几千头，粮食几万石。但是，他对富裕生活并不满足。后来，他把自己积攒的财产、牛羊都分送给他的兄弟、朋友。他说："一个人做个守财奴，太没意思了。"

他常对朋友说："做个大丈夫，总要'穷当益坚，老当益壮'才行。"他放弃了辛辛苦苦挣来的百万财富之后，毅然投奔朝廷，为国家效力，这时他已经年近60了。后来，马援成了东汉有名的将领，70岁时还带兵打仗，为光武帝立下很多战功。

"穷当益坚，老当益壮"这句千古名言，出自马援之口，令人佩服的是他说到做到，自己便是这句名言的表率、楷模。

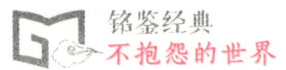

14 迷失中更需要
     依靠自信

　　一个人迷失在大森林中，走了两天两夜，仍然无法走出去。他一直在想：如果此时能碰到一个人，我就有救了！

　　他相信一定会碰上个救命的人。尽管走了两天两夜，腹中空空，筋疲力尽，他还在坚持中，不停地乱转，大声呼救。

　　终于，"上帝"出现了，他远见林中站着一个人。他兴奋地又哭又喊，用最后一点力气跑上前去拥抱对方，喊道："我已经迷失了两天两夜了，看到你真高兴，谢谢你救了我！"

　　"我救你？"那人冷冷地说，"别高兴太早，我已经在这里迷失了一个星期了。这里，根本就无法找到出路！"

　　他听到这话之后，两眼一翻，瘫软在地，死掉了！

　　迷失了七天七夜的人没死，反倒是那个仅迷失了两天两夜的人死了。

　　因为前者一直把希望寄托在能碰到个救星——一个人的身上了。他四

第三章
哭着过，不如笑着活

处乱蹿，奔走呼号，耗尽了体力，却忽视了寻找可能存在的出路。

俗话说："靠山山倒，靠人人倒。"绝境中自救才是最可靠的。

反观后者，七天七夜竟然未死，必定有他的道理：

（1）他知道保存体力，维持生命以寻求出路；

（2）他把希望寄托在出路上，而不是指望在某一个人身上；

（3）他心灯未熄，坚信只要坚持下去即可逃出困境。

只要你的心灯不灭，在它神奇光芒的照耀下，一切妖魔鬼怪、艰难险阻，在你眼中统统不是问题。

无论多么伟大的成功，用一句话来概括：壮志未酬，身不死！

中国历来有"壮志未酬身先死"之说，它是对那些胸怀大志、至死不渝的人的一种赞美和抱憾。但这里丝毫没有谴责或揶揄的味道。因为，壮志未酬并不是他放弃了对志向的追求，仅仅是因为生命先于成功事业结束了而已。

应该讲，这是一种对尚未取得成功的成功者的赞赏。因为他生前的行为属于一种成功者的行为。

所以，此类壮士一向是令人钦佩，让人怀念的。

但是，另一种壮志未酬，身先死，就不能让人欣赏了：即仍然活着却放弃了志向的人。

的确，不可否认：客观存在的困难一箩筐，目标远在高山峻岭的千里之外，成功遥遥无期……

找借口实在太容易了，但创业却要难上100倍。

爱迪生说过："全神贯注在你所期望的事业上，必有所成。"

你贯注的时间越长，成果就会越显著。

"十年磨一剑"得到的必定是一件难得的珍品。

坚奉这种理念并矢志不渝地磨下去的人,百分之百会成功。

人类以想象力创造了世界,然后用语言来操纵它。

我们知道语言一向有它双面的功能,激励与破坏。积极的语言把你从绝望的深谷中拯救出来,而消极的语言则让你跌入无底的深渊。语言是不容忽视的,因为它的确可以操纵你的意志。

美国的玉米黍大王史坦雷16岁时到一家五金公司去当一名收银员,每个月领着极微薄的薪水,但仍然心满意足地卖力工作,因为他希望能通过自己脚踏实地的工作,使自己步步高升,最终达到前途无限。他做起事来,永远抱着学习的态度,处处小心留意,想把工作做得十分完美。他希望能够获得经理的赏识,提升他为推销员。谁知他的经理对他的印象却恰好相反。

第三章
哭着过，不如笑着活

有一天，他被唤进经理室遭到了一顿训斥，经理告诉他说："老实说，你这种人根本不配做生意。但你的臂力健硕无比，我劝你还是到钢铁厂当一名工人去吧！我这里用不着你了！"

这一番带有侮辱性意味的训斥，让史坦雷顿时傻了，他一向自以为做得不错却得到这样严重的打击，换了别人谁也受不了。

但史坦雷镇静下来之后，说："是的，经理，"他说，"你当然有权将我辞退，但你无法消磨我的意志。你说我无用，当然，这也是你的自由，但这并不减损我丝毫的能力。看着吧，迟早我要开一家公司，规模比你的大十倍。"

他并没有吹牛，他说的句句是实话，从此他借着这次打击的激励，努力上进，几年后，果然有了惊人的成就。

羞辱并没有毁灭掉史坦雷的自信，相反，却引爆了他的奋斗信念。史坦雷无疑是一个坚强的人，在遭受打击之后，他想到的是用自己的行动去给予反击。

在打击面前，沉沦还是反抗，这就是强者和弱者本质上的区别。

15 倒下并不可怕，
　　可怕的是再也站不起来

　　成龙是我们中国人的骄傲，他那种不要命的表演精神征服了全世界的观众。

　　对于他来讲，只有永恒的信念，没有永恒的成功。

　　也正是凭着这种信念，他才能一部接一部地拍出成功的片子。

　　他曾经讲过这样的话："做事必须有长远观念，不要急功近利，精心地耕耘，高质量、高标准地制作，不要被当下潮流牵着鼻子走，春天播种是为秋天收获。"

　　正是在这样的信念指引下，他才会永远立于不败之地，他的电影也才会成为永久的经典。《警察的故事》《A计划》，等等，令人百看不厌。

　　而更令人难忘的则是他早期的一部武打片《师弟出马》。

　　大概情节是这样：一个武林高手干尽了伤天害理的事，官方通缉他多年却无奈他武功超群，无人胜他一招半式。

第三章
哭着过，不如笑着活

结果，初生牛犊不怕虎，一个小师弟（成龙）却凭着一股子正义感，不知深浅地同他卯上了。

二人决斗是本片的重场戏，大约持续了半小时左右。

这是一场实力极其悬殊的比拼，对手是号称江湖第一人的老手，腿功出神入化，而成龙只是个尚未出徒的小师弟，无论功底还是实战经验几乎都等于零。

这一段长镜头几乎全部是成龙的弹丸般飞纵坠地或被打倒后一连几十记飞脚踢得满地翻滚，重脚踹胸，扼喉，扫倒在地并踏上一只脚……打得他七窍流血，呕吐不止，有那么一会儿，完全丧失了知觉，傻愣愣的任凭对方拳打脚踢毫无反应。

一次次倒下，一次次爬起，再倒，再爬起……

不算满地翻滚和爬行，成龙倒地至少有三十余次。

就算拍电影，这也决不是一件轻松的活儿。

残酷：除了抗击打，几乎没有还手之力，鲜血、惨叫、呻吟；

顽强：打不死、砸不烂、踹不扁、折不断……看似彻底完蛋了，却又哼哼唧唧神奇般支撑了起来。

旁边的一个观战者被他感动得连连叫绝："我现在才明白了什么叫年轻人，简直就是打不死啊！"

最后，那个高手彻底崩溃了，面对这样一个顽石般的生命，最终，他只有认输。他被成龙的"不死精神"击败了。

现实生活中的成龙，摔伤、骨折不计其数。

这就是成功的代价。

没有毫无道理的成功，只有毫无道理的失败。

香港有一位房地产大亨，同样是个"打不死"的典型代表。

杨受成是香港英皇集团主席，20世纪90年代中期财经刊物统计其身家为12亿港元。但如果纵观杨受成一生所遭受的磨难，就可以知道他如今的辉煌实属来之不易。

他一次蹲大狱，两次惹官司，还有一次遭清盘，倾家荡产。

杨受成1943年出生于香港，父亲是钟表零售修理店的小业主。杨受成十二三岁那年，父亲被骗子骗去钱财，债主逼债，父亲遭受耻辱，少年杨受成第一次领略倾家荡产的滋味。他说："我暗自立下志向，一定要出人头地。"

杨受成十四五岁在父亲的钟表店做铺面，勉强读完中学。他承认自己的学习差，但他做生意却有独到之处。他年纪虽小，但他观察得出，游客的消费能力比当地居民大，知道去拉游客上父亲的表行。

1964年，杨受成为争取名表的分销权，表现出顽强的毅力、耐性和韧劲，终于感动了瑞士籍的犹太表商。

1965年，杨受成在父亲的担保下，贷款20万港元，在九龙父亲开的天文台表行对面，开设了欧米茄表专卖店。其后两年，杨受成又取得帝陀表、劳力士表的分销权，在同业中崭露头角。

70年代初，杨受成看好地产，把表行赚得的利润投资地产。

杨受成把钟表、珠宝业及物业，合组成"好世界投资"，于1973年2月，大盘顶天时上市。父亲任主席，他任董事总经理，稍后股市崩溃，杨受成只蒙受了轻微损失，他又重整旗鼓，致使"好世界"渐入好世界。70年代末，杨受成的事业如日中天。

他已拥有25个地盘，另在大屿山拥有大片土地，准备营造度假村。

第三章
哭着过，不如笑着活

正在他的事业兴旺之时，祸从天降，1979年，他因妨碍司法公正吃官司。事情原委是这样：他的好友涉嫌殴打《天天日报》董事长韦建邦。杨受成多次去看望韦建邦，力求"和解"。却没想到触犯了大英法律，法庭指控他妨碍司法公正，判他入狱两个月，缓刑一年。

杨受成不服，力求上诉，不料法官认为判刑太轻，于1981年改判他9个月，立即押送监狱服刑。

杨受成出狱后不久，中英就香港回归进行谈判，香港出现信心危机，又一次移民走资汇成潮流。

地价楼价大幅滑落，好世界的大批地盘、物业无人问津，一时债台高筑，债额高达3.2亿港元。杨受成积极救亡，连父亲的别墅都注入"好世界"，仍逃不脱清盘停牌的厄运。

1983年8月30日，是杨受成一生最灰暗的日子。上午8时，债权银行汇丰正式接管他名下所有资产，连他心爱的奔驰房车也被拿去抵债。汇丰在致杨受成的信函中有这样一句话："奔驰是成功人士的身份象征，而你却算不上成功人士。"

杨受成决定收拾残局，东山再起。不久，在雅特场会计行的协助下，重组资产，拍卖物业资产，减轻债务，由汇丰与杨受成签订8年协议，以月薪两万港元聘请他，继续经营英皇钟表，所得利润用以偿还债务。

当时传媒说杨受成投资搏尽，杨受成自称是个打不死的人。他卧薪尝胆，锐意开拓，表行业务，步步高升。在取得汇丰的信誉后，杨受成于1984年，说服汇丰借给他1000万港元，开设珠宝城。适逢日元大幅升值，大批日本游客赴港，杨受成与旅行社建立友好关系，珠宝城日本游客络绎不绝。

到1985年，杨受成所欠巨额债款只剩4000万港元尾数。杨受成向加拿大皇家信托银行借款4000万港元，向汇丰赎回资产。

杨受成解除困缚，大展身手，立即开辟外汇与黄金买卖，投资地产物业。1987年大股灾，又是杨受成人生中的一次险峰，股市楼市暴跌，但杨受成已全面出货，他却成为大灾中的赢家。

1990年5月，杨受成购入华胤33%的股权，成为最大的股东，重组后改为英皇国际。初时华胤市值仅1亿港元左右，是一间小型公司，经过两次供股，重组英皇国际的市值在3年间膨胀到30亿港元以上。

杨受成投资地产，曾遭滑铁卢惨败，如今英皇集团一点也找不到昔日的阴影。1993—1994年度，英皇投资地产的资金高达15.55亿港元。

倒下并不可怕，可怕的是不再站起来。失败之后，一蹶不振，就注定了永久的失败。但如果失败之后，重整旗鼓，就是向成功迈出了新的步伐。

第三章
哭着过，不如笑着活

16 未经十灾八难，
终难成人

苦难是事业成功的助力，要想成大事，没有经历大灾大难的精神准备是很难成功的。

如果你从未经受过任何灾难，平平安安地度过人生几十年，而且一切也都不错，我们只能说，你是个有福之人。但是，你要想体会事业上的成功，就必须跳出目前的"糖罐子"，因为一个什么都不错的环境是不可能造就出非凡的成功的。

古语讲：福则伤财。

只有曾经沧海的人，才可能理解这句话的真正含意。这是一句广义上的生活真理：一个沉浸在幸福环境中的人，不可能放弃自己的优越条件去挣辛苦钱，也不可能有打破现状的魄力。

幸福是一种精神鸦片，它让许多本该奋起的人放弃了努力，让许多完全可以成功的人走向了事业的失败。

因为它有个令人无法抗拒的理由：你很幸福，所以你应该满足了！在幸福这只糖罐子里长久浸饱的人，一般都患有软骨症，无力采取改变现状的行动，也经不起失败的打击。

幸福的爱情只有在它成为事业的动力时才应该算是幸福。否则，当你把幸福的爱情当作人生唯一的目标而彻底满足时，事业面前，你就变成了一只懒惰虫。

幸福对老年人才是最重要的，也是他们追求的目标。因为事业和成功对于他们来说已成为过去。

年轻人一味地追求幸福或就此沉浸于幸福之中不思进取，这无疑是一种玩物丧志的行为。

幸福的人生是最完美的人生，但它是来之不易的。只有年轻时不懈努力，为争取长久的幸福赢得资格，才能够成就自己完美的人生。

糖对于现代人来说，几乎成了一种毒药，它是很多疾病的根源：糖尿病、肥胖症、蛀牙等等。

幸福也是这样，过量的食用就会给你的事业造成危害。

我们当然要追求幸福，这和承受苦难并不矛盾。因为经历了人生的挫折和苦难，你才能够更深刻地体味幸福。阳光总在风雨后，只有经历了风雨，你才知道阳光的可贵。

成功的道路从来曲折坎坷，如果你想绕过去，你就没法尝到胜利的甜美滋味。你不能给自己退路，如果遇到挫折你就退回到自己安逸的环境中去，那你遭遇困境时的凭借就会成为你人生的最后依托。"置之死地而后生"就是这样的意思。

即使不懈努力，同样难以避免失败的打击。

第三章
哭着过，不如笑着活

看看以下几位名人成功之前的失败记录吧：

林肯，从22岁到51岁当选总统连续遭受重大失败13次。

史泰龙，在成为巨星前，无论求职、写剧本，共遭遇1500次嘲讽，1800次的拒绝。

约翰·克里西（英国著名作家），成名之前共收退稿笺743份。

爱迪生，在电灯发明成功之前做过约一万余次试验。

多梅尔（法国马赛的一位警官），为了缉凶，行程近二万里，查阅了高十几米的资料，打了几十万次电话，坚持了52年而破案。

…………

事实证明：只要你具有试一万次而不气馁的恒心，你就能够点石成金。

自认为是条龙的人，在生活中决不会以一条虫的标准来要求自己。

沙莉·拉斐尔现在是美国一家自办电视台节目主持人，曾经两度获得主持人大奖。每天有800万观众收看她主持的节目。在美国的传媒界，她就是一座金矿，她无论到哪家电视台、电台，都会给单位带来巨额的回报。

然而她在职业生涯中遭遇了18次辞退，她的主持风格曾经被人贬得一钱不值，在她第19次爬起来之后她终于成名。

最早的时候，她想到美国大陆无线电台工作。但是，电台负责人认为她是一个女性，不能吸引听众，理所当然地拒绝了她。

她来到波多黎各，希望自己能有好运气。但是她不懂西班牙语，为了熟练语言，她花了3年时间。然而，在波多黎各的日子里，她最重要的一次采访，是一家通讯社委托她到多米尼加共和国去采访暴乱，连差旅费也是自己出的。

在以后的几年里,她不停地工作,不停地被人辞退,有些电台指责她根本不懂什么叫主持。

1981年,她来到纽约的一家电台,但是很快被告知:她跟不上这个时代。这太令人绝望了,她简直痛不欲生。她几乎被彻底摧毁了。为此,她失业了一年多。

有一次,她向一位国家广播公司的员工推销她的清谈节目策略计划,得到他的肯定。然而不幸的是,那个人后来离开了广播公司。她再向另一位职员推销她的策划,这位职员对此却不感兴趣。她找到第三位职员,请求被雇佣。此人虽然说同意了,但却不同意她搞清谈节目,而是让她搞一个政治类节目。

她对政治一窍不通,但为了生活,她不想失去这个工作,她开始发奋补习政治知识。

第三章
哭着过，不如笑着活

　　1982年的夏天，她的政治内容节目开播了。她娴熟的主持技巧和平易近人的风格，使得许多听众打进电话来讨论国家政治行动，包括总统大选。

　　这在美国的电台历史上是没有先例的。

　　她几乎是一夜成名，她的节目成为全美最受欢迎的政治节目。

　　挫折会激发起人奋进的力量，幸福安逸有时候是一种温柔的羁绊，成功的道路上，我们宁可选择灾难，因为灾难过后是春天。

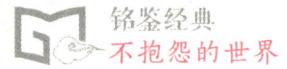

17 只有自己
才能拯救自己

每个人心目中都有不同的上帝。因为你心目中的上帝，是随你所愿而创造出来的。

在你乞求上帝帮助的时候，实际是借助这样一种信仰的形式，获得一种力量。很多时候，你所求的上帝不过是你自己。在艰难时刻，只有你才可以救你自己。

人不能没有信仰。因为没有信仰的人，就失去了力量的源泉。

信仰不一定是宗教。更多的，却是宗教之外的信仰。我们把它简化成日常用语即：成功、理想、目标等。

当你有了人生的目标后，你就产生了一种信仰，就会用毕生的精力去为实现这个目标而努力。

当你遭受到巨大挫折，跌入走投无路的境地时，你的信仰就会及时现身，不遗余力地拯救你。

第三章
哭着过，不如笑着活

因为他不是别人，就是你自己。

人在陷入困境后，往往是一无所有，甚至连一个肯帮你的人都没有。这时候的你，除了生命尚存在之外，仅剩下的只有一条信念：只有自己才能拯救自己。

依赖和乞求都是没用的。人类的动物本能决定了人都是自私的，这种自私表现在很少有人会去为另一个人去做出更大的牺牲。同时这种自私也造就了个体的自救能力：只要是自己的事，只要是关系到自己的生死存亡的时候，人就会拼死一搏，奋起自救。

别人也许会在危难时刻帮助你，但是你不能把别人的帮助当作是你获救的唯一希望，因为你可能会失望。关键时刻，你必须依靠自己。

如果你总在指望别人全力以赴拯救你，就会使你失去自救的机遇，同时也会抵消自救的力量。人只有确保自己是安全的，才能够向别人表现自己的同情心，如果自顾尚且不暇，自然就没有更多的余力去兼顾他人。在这样的时刻，你不能够怪别人抛下你不顾，一去不回头。

逆境中自己拯救自己，才是真理。

保罗的工厂宣告破产了，他丧失了所有的财产，成了一个名副其实的穷光蛋，只好四处流浪，像乞丐一样生活着。他无法面对残酷的现实，心里沮丧透了，他想自杀。

一天，他去见牧师。"也许这是最后的一线希望了！"他这样想，在牧师面前他流着泪，将自己如何破产、如何流浪的生活给牧师细说了一遍，诚恳地请求牧师给予指点，帮助他东山再起。

牧师望着他，沉默了一会儿说："我对你的遭遇深表同情，也希望我能对你有所帮助，但事实上，我也没有能力帮助你。我不过是个牧师

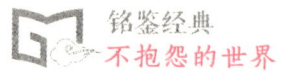

啊！"

保罗的希望像泡沫一样全部破碎了。他脸色苍白，不停地自语道："难道我真的没有出路了吗？"

牧师考虑了一下说："虽然我没办法帮助你，但我可以介绍你去见一个人，他可以协助你东山再起。"

"这个人会是谁呢？他真的有神奇的力量让我重振雄风吗？"保罗满腹狐疑。

牧师带领保罗来到一面大镜子前，然后用手指着镜子中的保罗说："在这个世界上，只有这个人能够使你东山再起，你必须首先认识这个人，然后才能下决心如何做。在此之前，你不过是一个没有任何价值的废物。"

保罗向前走了几步，怔怔地望着镜子里的自己，用手摸着长满胡须的脸孔，看着自己颓废的神色和迷茫的双眼，他不由自主地抽噎起来。

第二天，保罗又来见牧师，他几乎是换了一个人，步伐轻快有力，双目坚定有神，他说："我终于知道我应该怎么做了，是你让我重新认识了自己，把真正的我指点给我了，我已经找了一份不错的工作，我相信，这是我成功的起点。"

爱默生说："千万不要绝望，即使绝望了，在绝望中仍要继续做下去。"

首先，你要做到，无论遇到什么样的打击都不要陷入绝望之中。当然，很少有人能做到这一点，那么退而求其次：在绝望之中不要放弃努力，或者干脆利用绝望之下的拼搏排除心中的绝望情绪。

其实这并不难，因为生存的理想要求你必须做下去，你什么都可以拒绝，但你不能拒绝生存。

第三章
哭着过，不如笑着活

生命因理想而变得富有意义和生机。

没有理想的生命，无异于行尸走肉。

理想是跨越绝望重围的唯一跳板。

英国史学家卡莱尔费尽心血，经过多年的努力，总算完成法国大革命史的全部文稿，他将这本巨著的原件送给他的朋友米尔阅读，请米尔批评指教。

隔了几天，米尔脸色苍白，浑身发抖地跑来，他向卡莱尔报告一个悲惨的消息。原来法国大革命史的原稿，除了少数几张散页外，已经全被他家里的女佣当作废纸，丢入火炉化为灰烬了。

卡莱尔非常失望，因为他呕心沥血所撰写的这部法国大革命史只有一份原件，当初他每写完一章，随手就把原来的笔记撕成粉碎，所以没有留下来任何记录。这就是说，他的全部心血已经化为灰烬了。

第二天，卡莱尔重振精神，又买了一大叠稿纸。他后来说："这一切就像我把笔记簿拿给小学老师批改时，老师对我说：'不行！孩子，你一定要写得更好些！'"

所以我们现在读到的《法国大革命史》，是卡莱尔重新写过的。

我们要感谢那女佣人，因为卡莱尔的重写稿注定要比第一稿好得多。另外，她给我们制造了一个传奇神话，让我们领略了一个意志顽强的人，是怎样在痛苦的绝望之中毅然决然地从头开始。

那不是几天，几个月可以完成的工作，而是艰苦漫长的多年时间。

消灭病毒的唯一方法是：以毒攻毒。

排除绝望的方法也只有一条：在绝望之中奋起努力。

第四章
习惯决定性格，性格决定命运

任何一个人来到这个世界上，上苍都赋予他们同样的使命感，也赋予了他们独特的性格。适应自身的性格，你就能找到成功的道路；逆着自己的性格，你将与成功绝缘。性格不但决定着一个人的成败得失，还决定着一个人的前途命运——优良的性格让人无论是在顺境还是在逆境中，都能坦然积极地面对，并且不懈努力，取得成功；不良的性格会让人走弯路，受尽挫折，甚至在关键时刻毁掉一个人的一生，造成悲剧性的结局。

01 从自虐到自制

提起自虐,会让人联想到自讨苦吃。但严格地讲,每一个人都具有一定程度的自虐倾向,只是它表现得尚未超出正常行为的规范,所以,谁都不去那样认为罢了。

况且,有时候的自虐是必要的,是一种发泄。借由身体上的痛楚来平息精神上的压力,可以说,是另一种意义上的自救。男人借助醉酒来发泄心中的悲愤,掩盖住欲坠的泪滴,女人疯狂健身,化解心中的伤痛,都是这样的发泄。

由此可见,自虐对于人生来讲有时是必要的,不但是心理的需要,肉体的需要,还是健康的需要。而我们这里所说的自虐则是成功的需要。

若想获得成功,你必须做到敢于对自己施以多方面的程度不同的自虐——强制自己必须做到常人所难以做到,或根本不愿意做的苦差事。比如长期的熬夜,每天坚持运动,不喝酒、不抽烟……

其实,所谓自虐,就是自制。

第四章
习惯决定性格，性格决定命运

能够控制自己的人才能够走向成功。拥有非凡的自制力是一种成功素质的体现。

自制，有时显得很残酷，它不允许半点同情的成分掺杂进来，否则，必将前功尽弃。

一个自制力低下的人，永远与成功无缘。

把自制力称之为自虐是需要一定勇气的。他要求你必须拥有一副坚强的神经，才敢这样自我认同。

强化自己的神经，你需要多方面的训练，其中也包括类似的大言不惭式的胆量。

"我就是要发财挣大钱！我要成为有钱人！"

"没错，我在拼命，几乎是一种自虐。但我必须这样做，我要成功！"

"百万富翁对于我来说没什么诱惑力。我要做亿万富豪！"

这样的大话实际上就是你给自己的压力，你在训练自己要拥有坚强的神经。

不要认为这样的自虐是对自己的残酷，因为只有你有了非凡的胆量和坚强的神经，你才拥有了成就事业的基础。上帝分配给每个人的时间都是有限的。你将时间花在什么地方是看得到的，如果你花掉所有的时间用来纵容自己，纵情享受，那么你的成就也就只是在吃喝玩乐上，你没有时间照顾自己的精神，磨练自己的意志，你只能在遭遇挫折的时候，束手就擒。

所以，自制对于每个人来说，都是必要的。一个懂得制约自己的人，才能够更好地制约生命中的苦难。

自制，也就是强制，它有时显得很残酷，决不容许同情的成分掺杂进来，否则，必将前功尽弃。

某些强制性的口号自古便已有之。譬如：百折不挠，破釜沉舟，卧薪尝胆，还有"不成功，便成仁"等等。

所谓不成功，便成仁，是指为了一个高尚的目的，宁可悲壮地死去，也不愿苟活于人世。当然，这并不是说不怕死的人就一定成功。如果那样讲的话，这个世界早由亡命徒来主宰了。

"不成功，便成仁"要求你抱着一种必胜的信念去创造丰功伟业。因为人的懒惰性和思维的灵活多变性经常会导致其事业半途而废，必须由一种坚强的，有时甚至是偏激的、严酷的信念来约束他，激励他。

聪明的古人，之所以把"成功"和"成仁"联系在一起，其用意明显不过了——成功非易事，没有必死的信念和超凡的毅力，你永远没资格获得。这就是当一个人被逼入绝境时反而能爆发出拯救自己的力量的原因。

它所强调的其实不过是另一层意思：除非你死掉了，否则就决不可以放弃追求成功的信念。另外，成功与成仁之间并无时间限制。也就是说，你有失败的自由，但不存在放弃的自由。因为很多时候放弃反倒是意味着真正死亡的到来。

以死相逼，人才能在强烈的求生欲望支配下迸发出巨大的潜能，才能将成功争取到手。

放纵自己是滋生堕落的温床，自我克制才是培养坚强的摇篮。古往今来多少成就大事者，莫不是经历了一番近乎自虐的自我加压，才能够从历史长河中脱颖而出，成为后人敬仰的楷模。

战国时期的苏秦自幼家境贫寒，读书对于他来说是一种奢望。然而，他立志要成为一个读书人，将来做大事。为了生活和读书，他不得不时常卖自己的头发和帮助别人打短工，凑了一点钱之后，他离乡背井到齐国拜

第四章
习惯决定性格，性格决定命运

鬼谷子为师，学纵横之术。

一年之后苏秦认为自己学业有成，便迫不及待告别师友，游历天下，以谋取功名利禄。一年后不仅一无所获，自己的盘缠也用完了，没办法再撑下去，于是他穿着破衣、草鞋踏上了回家之路。

到家时，苏秦已骨瘦如柴，衣衫褴褛。走进家门时差点被家人当乞丐轰出去，这副模样归来，自然得不到家人的善待。妻子、父母、兄弟、妹妹不但不理他，还暗自讥笑他说："这就是不守本分，去卖口舌的下场，真是活该！"

这番话令苏秦无地自容，巨大的羞辱像刀子在绞他的心。他关起房门，不愿见人，对自己做了深刻的反省："妻子不理丈夫，父母不认儿子，都是因为我不争气，学业未成而急于功利的缘故啊！"

他认识到了自己的不足，马上重振精神，搬出所有的书籍，发愤再读。

他每天研读到深夜，有时候不知不觉伏在书案上就睡着了。每次醒来，都懊悔不已，痛骂自己无用，但又没什么办法不让自己睡着。有一天他想出了一个不打瞌睡的办法，就是名传千古的锥刺股。以后每当要打瞌睡时，就用锥子扎一下自己的大腿，让自己猛然痛醒，保持苦读状态。天长日久，他的大腿疤痕累累，旧伤未愈，又添新伤。

母亲见状，心痛地劝他说："你一定要成功的决心和心情可以理解，但不一定非要这样自虐啊！"

苏秦回答说："不这样，我会忘记过去的耻辱；唯如此，才能催我苦读！"

经过一年血淋淋的苦读，苏秦很有心得，写出了《揣》《摩》两篇。

这时，他充满自信地说："这下我可以说服许多国君了！"

再度出山后，他大展才华，令人刮目相看，很快他成为国相，并极力推行联众抗秦。

"不成功，便成仁"之志让他成为历史上最有名的说客之一。

02 不要为自己的逃避找借口

如果你以海上多暗礁而放弃航行,那么,这个理由只是你为自己的逃避找的借口,是不能成立的。

因为暗礁自古有之,而从古至今海上却从没有停止过航行。

如果你以创业太多艰难险阻而放弃追求,那么,这个理由也是不能成立的。

因为,活着即意味着艰辛。没有谁一生顺利,苦难是生命的必经之路。生命因困难而存在,并在同无休止的困难的斗争中才得以不断强大。

困难的消失,会让生命力也随之灭亡。

生命的意义即在于:永远迎着困难而上。

很多事情的结局告诉人们:逃离往往并非最明智的。它可能使你更加溃不成军,并遭致众人"痛打落水狗"的可耻下场,以及落井下石、替他人背黑锅等等。

因为逃离是失败形式的一种。战场上的临阵逃脱既等于给对手发出了"可以穷追猛打"的信号。而当一个人抱定逃离的念头后,连反抗的能力也会丧失的。

另外,你的逃离等于给那些迎着困难上的人让出了更大的成功余地,并增长了他人志气。

风平浪静后的海滩,只可以让你拾到一些贝壳。当你在危险过后再回头寻找机会时,你会发现茫茫大海是那么的令人无奈。

困难对于弱者而言是一座山,对于坚强的人而言,那不过是一只外强中干的纸老虎,你越怕它,它越凶。

一个迎着枪口、刀刃走上前的人,会令对手胆战心惊;一个伤痕累累,从血泊中挣扎站起的人,就会产生一种巨大的威慑力。

有人问一位老船长:"如果你的船行驶在海面上,通过气象报告,预知前方的海面上有一个巨大的暴风圈,正迎向你的船而来,请问,以你的

第四章
习惯决定性格，性格决定命运

经验，你将会如何处置呢？"

老船长反问："如果是你，你又会如何处置呢？"

前者回答："返航，将船头掉转180度，远离暴风圈。这样应该是最安全的方法吧？"

老船长摇了摇头说："不行，当你掉头回航，暴风圈还是迎向你的船；你这么做，反而将你的船跟暴风圈接触的时间延长了许多，这是非常危险的。"

另外一人说："如果将船头向左或向右转90度，试着摆脱暴风圈的威胁呢？"

老船长说："还是不行，如果这样做，将会使船身整个侧面暴露在暴风雨的肆虐下，增加与暴风圈接触的面积，结果是更加危险。"

众人不解，问："如果这些方法都不行，那究竟应该怎么做呢？"

老船长说："只有一个方法，那就是抓稳舵轮，让船头不偏不倚地迎向暴风圈前去。唯有这样做，才可以将暴风圈接触的面积化为最小。同时因为船与暴风圈彼此的相对加速度组合在一起，还会减少船与暴风接触的时间。你将会发现，很快地，你已经安然冲过暴风圈。"

有时候，生活就是这样让人匪夷所思，看似最安全的做法却会使你丧命，而看似最危险的做法却会让你化险为夷。迎着风暴走上去，反而有助于你脱险。

你要坚守这样一个信条：人活着就是为了解决困难的。这才是生命的意义，也是生命的内容。逃避不是办法，知难而上往往是解决问题的最好手段。

妄图逃避困难者应该清楚：即使你侥幸躲过了一个困难，还会有下一

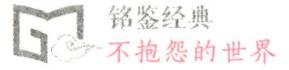

个困难在前方等着你,只要你生存就要面对困难,只有死人才不会再面对困难了。

被称为保险业怪才的克里蒙·史东是美国联合保险公司的董事长,美国最大的商业巨人之一。

史东自幼丧父,靠母亲替人缝衣服维持生活。为补贴家用,他很小就出去贩卖报纸了。有一次,他走进一家饭馆叫卖报纸,气恼的餐馆老板一脚把他踢了出去。但是,史东只是揉了揉屁股,手里拿着更多的报纸,又一次溜进餐馆。那些客人见到他这种勇气,劝经理不要再撵他,并纷纷买他的报纸看。史东的屁股被踢痛了,但他的口袋里却装满了钱。

勇敢地面对困难,不达到目的绝不罢休。史东就是这样的孩子,后来在他从事的事业中,他仍然坚持这种精神。

史东还在上中学的时候,就开始试着去推销保险了。他来到一栋大楼前,当年贩卖报纸的情况又出现在他眼前,他一边发抖,一边安慰自己:"如果你做了,没有损失,而可能有大的收获,那就下手去做,而且决不放弃!"他想:如果他被踢出来,就像当年卖报纸被踢出餐馆时一样,再试着进去。他没有被踢出来。每一间办公室,他都进去了。他的脑海里一直想着:"别泄气,一定能行的。"每走出一间办公室,而没有收获的话,他就担心到下一个办公室碰到钉子,不过,他仍然会毫不迟疑地强迫自己走进下一个办公室。他找到一项秘诀,就是立刻冲进下一个办公室,这样就没有时间感到害怕而放弃。

那次,有两个人跟他买了保险。就推销数量来说,他是失败的,但在了解自己和推销术方面,他有了很大的收获。

第二天,他卖出了4份保险。第三天,6份,他的事业开始了。

第四章
习惯决定性格，性格决定命运

20岁的时候，史东自己设立了只有他一个人的保险经纪社。开业的第一天，他就在繁华的大街上销出了54份保险。有一天，他创造了一个令人几乎不敢相信的纪录，122份。

坚持下去，在困难的情况下依然坚持下去，说起来容易，做起来十分困难，甚至可以说是世界上最难做到的一件事。

能够坚持到底的人必须具有如下两点鲜明的特质：

第一，百折不挠。认真剖析百折不挠的含义，不难发现，这其中有很大成分属于放下身段，放下面子，忍辱负重。

创业伊始，免不了四处求人，低三下四。而这恰恰是大多数人最不愿干的活儿。特别对于一个堂堂男子汉而言，面子比什么都重要。

这世界上有几个少年的史东被人踢出来，揉揉屁股再溜进去。事实上，也正是他这种厚脸皮的劲头，让客人钦佩，不但劝老板别踢他并买下了报纸。面子和自尊让很多的人对成功望而却步。

第二，有这样一种信念：同样一件事"别人做不到，我能做到！"

有一句至理名言：不要重复别人走过的老路。

但这句话在勇于坚持的人那里却没那么绝对，因为他清楚地看到了：他人的失败，完全是由于中途放弃。

下面这个小故事完全可以证明这一点。

比尔是一家报社的职员。他刚到报社当广告业务员时，发现同事们对于自己的业务信心不足，感到这几乎是一件做不到的事，普遍处于消极状态之中。如此一来，他反倒对自己很有信心。他向经理提出不要底薪，只按广告费提取佣金，但标准高出一倍。经理答应了他的请求。

于是，他列出一份名单，准备去拜访一些很特别的客户，这些客户都

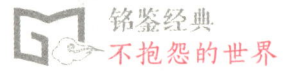

是以前同事们多次招揽不成功的。

在去拜访这些客户前,比尔把自己关在屋里,站在镜子前,把名单上的客户念了10遍,然后对自己说:"在本月底之前,你们将向我购买广告版面。"

他怀着坚定的信心去拜访客户。第一天,他和20个不可能的客户中的3个达成了交易;在第一个星期的另外几天,他又成交了两笔交易;到第一个月的月底,20个客户中只剩下一个没有买他的广告。

他决心,不拿下最后一个堡垒,誓不罢休。

在第二个月里,比尔没能去拜访新客户,每天早晨,那个拒绝他广告的客户的商店一开门,他就进去请这个商人做广告,而这位商人都回答:"不!"每当这位商人说"不"时,比尔就假装没听到,第二天继续前去拜访。到那个月的最后一天,对比尔已经连着说了30天"不"的商人说:"你已经浪费了一个月的时间来请求我买你的广告。我现在想知道的是,你为何要坚持这样做。"

比尔说:"我并没浪费时间,我是在学习,而你就是我的老师,我一直在训练自己坚忍不拔的精神。"那位商人点点头,接着比尔的话说:"我也要向你承认,我也要向你学习,你已经教会了我坚持到底的一课,对我来说,这比金钱更有价值,为了向你表示我的感激,我要买你的一个广告版面,当作我付给你的学费。"

比尔不是傻瓜,他利用一个月的时间去做一个客户的目的,既不是同那人叫劲,也不是刻意难为自己。

他把这当成一场成功训练课,他在意识中一直这样认定:如果我放弃了他,以后将会有更多的客户从我手中溜掉,那么,我的未来必定是

第四章
习惯决定性格，性格决定命运

失败的。

没有人会怀疑这样一个人未来的成功。

坚持难，不坚持将会更难。因为那样的话，你不得不在失败的苦难中度过后半生。

03 苛求自己
才能达到优秀

坚强与自制是一种相辅相成的关系：自制力愈强的人愈会变得更加坚强，而一个坚强的人，肯定会是个自制力极强、修养极佳的人。

自制力低下的人，永远与成功无缘。

所谓自制力差，从行为上讲，就是在关键时刻失控。自制力差的人无论做什么事，都会在关键时刻横生枝节，尤其是当遇到困难和挫折的时候，他的体内难以控制的血液就会变成随时爆炸的炸弹，把他自己和周围的人炸成碎片。

而且，它还具有一种很强的惯性：一而再，再而三，每当遇到适宜的条件、氛围，它立即引爆。

自制，是一种良好的习惯，是成功素质的标志。

21世纪的现代人，特别是一些干事业的人，若想获得成功，自制能力是决定成败的基础。

第四章
习惯决定性格，性格决定命运

没有自制力，你就无法做到专心致志，目标始终如一；没有自制力，你就会沉湎玩乐，把该干的事搁置一边；没有自制力，你让人难以信任，让人对你的人格倍感怀疑，那么，你即会失去很多的机会。

老话讲：心似平原走马，易放难收。

放纵非常方便，自制的闸门稍稍一松，即会"鸟离樊笼翩翩舞"，无拘无束。而要想收这只逃离的鸟儿，并不是件容易事。

一件看似很平常的小事情，即会让你领略到自制是多么的难得。

一张独特的广告："招聘一个能自我克制的男孩。每星期8美元，表现优异者可以拿10美元。"这个奇特的招聘广告引起了议论，这有点不平常，自然引来了众多求职者。

每个求职者都要经过一个特别的考试。

"能阅读吗？孩子。"

"能，先生。"

"你能读一读这一段吗？"他把一张报纸放在小伙子的面前。

"可以，先生。"

"你能一刻不停顿地朗读吗？"

"可以，先生。"

"很好，跟我来。"商人把他带到他的办公室，然后把门关上。他把这张报纸送到小伙子手上，上面印着他答应不停顿地读完的那一段文字。阅读刚一开始，商人就放出六只可爱的小狗，小狗跑到小伙子的脚边。这太过分了，小伙子经受不住诱惑要看看美丽的小狗。由于视线离开了阅读材料，小伙子忘记了自己的角色，当然他失去了这次机会。

就这样，商人打发了70个小伙子，终于，有个小伙子不受诱惑一口气读完了。商人很高兴，他们之间有这样一段对话：

商人问："你在读书的时候没有注意到你脚边的很多小狗吗？"

小伙子回答道："对，先生。"

"我想你应该知道它们的存在，对吗？"

"对，先生。"

"那么，为什么你不看一看它们？"

"因为你告诉过我要不停顿地读完这一段，所以我不会轻易放弃阅读。"

"你总是遵守诺言吗？"

"的确，我总是努力地去做，先生。"

商人高兴地说道："你就是我要的人。明早七点钟来，你每周的工资是10美元。我相信你大有发展前途。"

自制，是一件看似挺简单，但做起来却很不容易的事。

任何一种良好的习惯，都是从小事开始，渐渐培养成熟的，坏习惯也是这样养成的。

不要忽视生活中每一个微小的细节，苛求自己才会达到优秀。

自制就是对自己的苛求：别人做不到的，你要做到；别人都在那么做的，你绝对不可以效仿。

从众，是平庸者的最大借口。

目光常往下看的人，可能会获得一种半真半假式的满足，但永远无法得到真正的满足。

世界上只有一种满足才是真实的，那就是成功的满足感。

自制，是对自己的强迫与监督，有时必须以一种自虐的方式才可达到

第四章
习惯决定性格，性格决定命运

目的。如历史上著名的"头悬梁，锥刺股""卧薪尝胆"。当你养成自制的习惯后，你就不会再觉得那是一种苦难，因为自制会成为你性格的一部分，帮助你向成功迈进。

石油大亨盖蒂曾经是个烟抽得很凶的家伙。有一次他出去度假，开车经过法国，正逢下雨，雨很大，地面泥泞不堪，十分难行，好容易才在一个小城找了个旅馆。他吃过晚饭即刻倒在床上睡着了。

时间大约是凌晨两点，盖蒂突然醒来，急切地想吸支烟，可他翻遍了所有的衣袋，都是空空如也，心中越发焦燥，似乎一种愿望越是被压抑，要求就越强烈。他心烦意乱地趿着鞋在屋里打转，要知道，此刻唯一能得到香烟的办法就是一个人徒步走到六条街外的火车站。而此刻，窗外的雨狂泻着，昏黄的路灯在暴雨下只是一团朦胧的影子，想想自己一个人，没有车，没有光，雨大、路滑、天冷，只是为了找一支烟要走出那么远，他不禁有些迟疑。然而，他此刻确实太想吸烟了，就一支，哪怕就一支。他想象着香烟吸进体内的那种舒适的感觉，立刻做了一个决断。斩断了那些为外界环境所带来的迟疑，似乎对一切都失去了感觉，对一切都不在乎，不管是雨，是黑还是冷，只要一支烟。于是，他急切地扯下睡衣，换上外套，穿上雨鞋，披上雨衣，一切准备就绪。突然，他停住了，仿佛被电击了一下。接着开始大笑，笑得不可抑止，而越笑越觉得可笑，看看自己的样子，三更半夜，从暖和的被窝里爬起来，穿上雨鞋、雨衣，打算冒着雨出去，仅仅是为了去买烟，像一个任性的小孩子，真是荒谬。

最终盖蒂平息了自己的笑，静静地站在那儿思索着，脑子里反思着刚才近乎失去理智的举动，这是他生平第一次意识到这个问题。以前，他也有过，虽不是在雨夜、凌晨，但也同样是在这种冲动下进行的没有理智的举动，而且不止一次。也许要感谢这场异地的雨，给了他一霎那的迟疑，他才注意到此刻及以前所做的一切，注意到自己已经被一个坏习惯控制住，就像陷进泥沼一样不能自拔。这样的一番分析让他很快清醒了过来，即刻做出了决定——不去买烟。

盖蒂抓过依旧放在桌上的空烟盒，对它笑了一下，随手丢进废纸篓里。然后，他重新换上睡衣，倒卧在床上，盖蒂闭上眼睛，听着窗外哗哗的雨声，感到一个胜利，同时又是一个解脱，似乎从来没有如此轻松过，想着想着，便睡着了。从此之后，盖蒂再也没有吸过烟，甚至连吸烟的欲望也没有了。

盖蒂说："我并不是把这件事摆出来指责香烟和抽烟的人，只是想告诉大家，就我那时的情形来说，已被一个坏习惯制服，差不多到了不可救药的程度，几乎成了它的俘虏！我在想，如果我向这样的一个坏习惯屈服，那么我今后的人生路上说不定会向多少个更大的坏习惯屈服。所以，我决心就从那时开始，从戒除一个小的坏习惯开始，培养自己成为一个自制的人。"

第四章
习惯决定性格，性格决定命运

04 人，
不可一日无目标可循

目标，一个非常简单的概念，却不知让多少人彷徨和迷茫。

因为它的确是很难把握的。并非我们平时所想象的那么容易：看准目标，大步向前走就是了。

目标并不是一只固定靶。它有时会移动，有时会莫名其妙地消失，甚至会变得扑朔迷离，飘忽不定。

有时，你不得不根据现实的需要，变换它；后来，你还是根据实际情况又回过头来重新寻找它。

但是不管怎样，你都不能失去目标。一旦失去目标，你就变成了一艘不知道码头的航船，只能迷失在茫茫大海上。

把握目标大概有这样两种原则：

1.持之以恒，目标始终如一

这是大前提。水滴石穿既是因为它持之以恒，更是因为它目标始终如一。两种因素，缺一不可。

2.心中的大目标，永恒不变，观察的小目标灵活机动

目标不会因内容与形式的变化而破灭。但你必须保证你的每一个小目标都没有偏离方向，都是向着你的人生大目标努力，这样你的目标才有实现的可能。

当你确立自己的人生奋斗目标之后，你会发现它给予你无尽的力量。

想要成为将军，就要从打第一场胜仗开始，想要成为播音员，就要把出口的每一句话、每一个字发音准确、字正腔圆，想要成为舞蹈家，也许你的开始就是迅速减掉身上多余的两公斤赘肉。每一次努力，一点点地积累都是为了你的目标。也许你前进得极为缓慢，但是只要你迈出一小步，就有走出千里的可能。

当你拥有了一个成功的信念之后，你并不是要一步登天，而是要从一个个的小目标开始努力，不断征服一个又一个目标，这就是你力量的源泉。

目标，更形象一点讲就是靶心，要想射中10环，就要屏住呼吸，集中注意力。

在大型的商业中心或者超级市场，常常会有这样的广播："林明小朋友的父母请注意，6岁的林明正在一楼的接待处等您领取。"这是一个走失的孩子等待着父母去认领。迷失了目标的你就像和父母走散了的孩子，同样的彷徨无助，你会产生恐慌，那力量比你自身强大得多。

当你是个孩子的时候，在和父母出门前一定被父母叮嘱过："如果你在商场走失，一定要找一个固定的柜台。如果你在街上走失，要找一个衣着整洁的长者或者是个看上去面善的妇人。"那么，你一定理解"一个固

第四章
习惯决定性格，性格决定命运

定的柜台""一个衣着整洁的长者"和"一个面善的妇人"对于迷失的你的重要性，那将会是你的父母寻找到你的目标。而你的人生目标就像是那个"固定的柜台"一样，当你走到那里，你就看到了人生的希望所在，你不会再迷失自己。

一位走钢丝跨越峡谷的杂技演员，谈到他走钢丝的体会时说："当一个人走钢丝时，它并不是非常刻板地僵硬不动。虽然他基本上保持可能直立的姿势，但为了保持运动中的整体平衡，他的身体总是轻轻地摆动和弯曲。但是有一点是不变的，他的脚只朝着一个方向移动，向着眼睛紧盯着的目标——钢丝的另一头，前进。"

人生有时候就像是走钢丝，需要保持平衡和克服恐惧，但是不管你有怎样高超的技艺，你都要有自己的目标，并坚持自己的目标。无论遇到多大的困难和干扰，始终把目光盯在目标上，我们才不会与成功错过。

1952年7月4日清晨，加利福尼亚海崖笼罩在浓雾中。在海岸以西21英里的卡塔林纳岛边，34岁的费罗伦丝·查德威克涉水下到太平洋中，开始向加州海岸游过去。如果成功了，她就是第一个游过这个海峡的妇女。

海水冻得她身体发麻。雾很大，连护送他的船都几乎看不到，时间一个小时一个小时地过去，千千万万人在电视前等待着，有几次鲨鱼靠近了她，被人开枪吓跑。她仍然在游。

在以往这类渡海游泳中，她的最大问题不是疲劳，而是刺骨的海水。

15个小时过去了，她既累，又冻得发麻。她知道自己不能再游了，就叫人拉她上船。

她的母亲和教练在另一条船上。他们都告诉她海岸很近了，叫她不要放弃。但她朝加州海岸望去，除了浓雾，什么也看不到。

过了一会儿，在她的坚持下，人们把她拉上了船。

到了岸上，她渐渐觉得暖和多了。这时，她才发现，人们拉她上船的地点，离加州海岸只有几英里。

一时间，她感到了失败的打击。

后来，她不无懊悔地对记者说："说实在的，我不是为自己找借口，如果当时我看见陆地，也许我能坚持下来。"

其实，令她半途而费的不是疲劳，也不是寒冷，而是因为她在浓雾中看不到目标，查德威克小姐一生中就只有这一次没有坚持到底。

两个月后，她终于成功地游过了同一个海峡。她不但是第一位游过卡塔林纳海峡的女性，而且比男子的纪录还快了大约两个小时。

目标就是这么重要：一旦丧失，你的力量便会随之消失殆尽。

第四章
习惯决定性格，性格决定命运

你的志向是成功，成为一个优秀的、不同凡响的人，至于你一生怎样去合理选择项目，都是向着这个目标努力，也许你会选择不同的项目，但这并不等于你目标的丧失。

就施瓦辛格而言，一生中三个阶段的巨大成功，简直就是风马牛不相及：年轻时的世界健美冠军，好莱坞大红巨星，其间无论演电影，做广告或经营产业，样样过硬，净赚十几亿美元，突发异想，要当官儿了，经过一番激烈的竞争，荣登美国最大州的州长。

自信，强烈的自信——一次成功的自信会在你的内心演化成一颗可以发生一系列核裂变的种子。

对于这种内心持有核裂变种子的人而言，成功不分领域、国界，只要他想，自信就会发生连锁式核爆炸，而它所产生的威力是不可阻挡的，可以摧毁一切艰难险阻。

施瓦辛格尚未成名前，有一位记者访问这位一心想当演员的健美先生。当他提到自己最大的心愿，是到好莱坞成为最卖座的电影明星时，记者差点笑出声来。

以施瓦辛格当时所拍的电影水准、奥地利口音和夸张的身材，实在很难看出他会在电影界有什么前途。

但是施瓦辛格很认真地说："我心里先创造一个我想要的形象，然后投入这个角色，就当它是真实的一样。"

话虽然说得略显笨拙些，但却原原本本道出了他的成功秘诀：我心里先创造一个目标，然后让这个目标引领我一步步向它靠近。

如果你看过赛马，就会注意到一个奇怪的细节。良种马在奔跑时，都是戴着眼罩的。他们的主人之所以给它们带上眼罩，就是为了使它们的目光保持着向前直视，这样，它们就不会受到其他马匹的影响，只会按照自己的跑道向前跑。赛马所需要的是排除干扰和发挥速度，而唯一的办法就是坚持一个目标。

拥有目标，不断向目标努力，这就是成功的必经之路。可以说，这是一个固定的成功公式：成功=目标+向着目标的努力。

对于一个远大的目标而言，创业途中的一系列失败，挫折不会对它构成破灭式的威胁。

美好的梦想，像一座威力四射的磁场，它会将你的所有智慧、力量与想象牢牢地吸引、集聚在一起使它渐渐形成一种信念的能量。这就是你克敌制胜的法宝。

第四章
习惯决定性格，性格决定命运

05 人生的底牌
掀不得

何谓人生的底牌？

具体地讲，就是那张关于你的能力指数的牌。

每个人都有这样一张底牌。它扣在那里。它应该永远扣在那里，既不允许他人窥探，自己也不应该轻易掀开它。

因为它是个悬念，是个诱惑。因为它是未知数，所以它神秘。

唯有悬念才会引起人的好奇心，而由好奇产生探究的勇气是不争的事实。

神秘同样具有不可抗拒的诱惑和魅力：在诱惑他人的同时也强烈地诱惑着你自己。

这就是扑克游戏福尔豪斯的巨大的魅力所在：一张扣在那里的牌，让人煞费猜疑，或孤注一掷，或是提前放弃。

看似简单，其中却充满了无限的玄机。

人生之所以对很多人来讲充满了希望和奋斗不息的勇气，就是那么一张扣着的牌在诱惑着你：你的胆识、你的信心统统源于它的未知。

未知才会产生无限。它是一种能量，它在未知的状况下取之不尽、用之不竭。因为潜在的能量无法测量出具体数据。

数据所给予的均属有限的对象，如光速、地球的体积、距离与速度等等。无论这些数据是多么的巨大，令人惊奇，然而，它毕竟有限。

宇宙是无限的，同宇宙之无限可以相媲美的也只有潜能力，对于生命而言，它深不可测，它有着无限探究与开发利用的余地。

明白地讲，只要你永远不去掀开它，它就永远会给予你力量和勇气，你就会不断地去创造自己的人生奇迹。

一旦你掀开了它，你知道了自己的能力所限，勇气与力量随之殆尽。此后，你不得不在这把有限能力的尺子局限下小心行事，量力而行，不敢越雷池半步以致停滞不前。

当然，你面前并没有摆着这样一张扑克牌。所谓的人生底牌实际上是心理素质的表现形式罢了。

在这世界上存在两种心理素质的人：一种是，我知道自己能做很多事，只要努力，肯定能行；另一种人，我知道自己的能力所限，很多事我都做不来，努力也白费。

他知道自己能做的很多；他知道自己不能做的很多。坚强与懦弱，成功与失败，就在这"能"和"不能"之间分别。

"不能做"的人早已将自己那张能力的底牌掀开了，面对着局限而叹息不止；而"能做"的人仍然是面对着能力的未知和无限，仍然大步向前。

第四章
习惯决定性格，性格决定命运

对于心理素质坚强的人而言，失败的原因并不是"我的能力不行"，而是这样或那样的外界因素或自己的疏忽大意造成的。那么，我必须重来，一次也罢，十次也罢，总而言之，我一定会干成。

心理脆弱的人，失败后的原因是"因为我笨，所以才……"一旦你将自己的底牌公诸于众，在他人眼中，你的价值也将荡然无存。

如果你为自己以往的人生做个总结，首先你要选定一种算法。积极上进的人，肯定选用加法：以往挺顺利，做过这样那样多种成功的事业。至于以后，肯定没问题，会做得更顺，更成功。消极灰心的人，无须谁来指点，他绝对直奔减法：这些年，倒霉、晦气、做啥啥不成，一步一个跟头。而以后，更是无边黑暗。

积极的人忽略的是失败的记忆，而消极的人却只是刻骨铭心地牢记着失败的往事，甚至连该记起的值得骄傲的事也统统被删除了。

两种心态造就了两种人和两种人生结局。实际上，每个人的人生都有两个机会。

美国加州一位刚毕业的大学生，在征兵中被最艰苦，也是最危险的海军陆战队选中，听到这样的消息后，他显得忧心忡忡。他的爷爷看到自己的孙子魂不守舍的样子，就开导他说："孩子，这没有什么好担心的。到了海军陆战队，你将有两个机会。一个是留在内勤部门，一个是分配到外勤部门。如果分配到内勤部门，就完全没有必要担惊受怕。"

"那我要是被分到外勤部门呢？"年轻人依旧担心。

"那同样有两个机会，一个是留在美国本土，一个是分配到外国军事基地。如果被留在本土，哪有什么好担心的呢？"

"可是，如果我被分到外国军事基地呢？"

"还是有两个机会,一个是被分配到和平而友善的国家,一个是被分配到维和地区。如果是在一个和平友善的国家,就应该庆幸。"

"但,如果我不幸被分到维和地区呢?"

"还是两个机会,一个是安全归来,一个是不幸负伤。如果安全归来,没什么可担心的。"

"要是不幸负伤了呢?"

"同样是两个机会,一个是依然能够保住性命,一个是完全救治无效。如果能保住性命,还有什么可怕的?"

"可是,如果救治无效?"

"依然是两个机会,一个是作为冲锋陷阵的英雄被纪念,一个是躲在后面却不幸遇难。你当然会选择光荣地死去,做一个英雄,还有什么可担心的?"

第四章
习惯决定性格，性格决定命运

无论人生有着怎样的机遇，你都有两个机会。当你用乐观旷达积极向上的心态去面对时，坏机会也会变成好机会；但是，当你用悲观沮丧的心情去面对时，好机会也变成了坏机会。

当你认为自己事业不顺利时，心态使然，自信滑坡，形成了一种势不可止的惯性。愈加不自信，该成的事也搞砸，接连几个跟头，信心崩溃了。

真正坚强的人，那些伟大的成功者，恰恰都是一些同命运抗争到底的勇士。对于他们而言，是失败造就了坚强。

你越来越相信自己有能力战胜失败，你就会越来越有力量，你就一定会不断地击败它。

成功的相对论：没有失败就没有成功。

能力神秘论：我不清楚自己的能力到底有多大，只要我想干就一定能行！

06 欺凌和耻辱都是
生命中的珍宝

　　身怀大志的韩信在一伙亡命徒的威逼下，承受胯下之辱。此举虽遭众人耻笑，却丝毫没有影响他后来建立奇功伟业，成为一代名将。因为"天生我材必有用"不是用来同小流氓打架的，而是指挥千军万马的。

　　如果一时义气用事，为了面子而同那些亡命徒死拼到底，寡不敌众，必遭残杀。那样一来，就没后来的韩信了。

　　耶稣曾遭人唾面而不动声色，勾践为了复国大计甘做敌人的马俾……成大事者，不拘小节。

　　因为在这些胸怀大志人的心目中，凌辱和嘲讽对他们几乎构不成任何伤害，反倒会更加激励奋斗的勇气。

　　勇气，决不仅仅表现于反抗、竞争或斗狠，真正可以让你笑到最后的勇气，恰恰是常人所认为的"太老实""太没胆"的大忍之勇。

　　忍者无敌，做大事业的人在追求成功的漫长道路上，决不会做因小失

第四章
习惯决定性格，性格决定命运

大、得不偿失的傻事。

忍耐是一种蓄势待发的信念。

如果说这世界还有什么打不败的人，那么他肯定属于那些坚守信念的忍者，有着惊人的耐心，严酷的自制力，永不放弃的精神。

他们是打不败的，因为信念的防护罩是坚不可摧的。

一位修女要为孤儿院募捐，因此特别去拜访一位被公认为一毛不拔的吝啬鬼的富翁。

当天富翁因为股票跌停，心情不佳，又认为修女来得不是时候，大为光火，所以未待修女说完来意，挥手就打了她一记耳光。

但这修女不还手也不还口，只是面带微笑站着不动。

富翁更恼火，骂道："怎么还不滚！"

修女说："我来这里的目的，是为孤儿募捐。我已收到您给我的礼物，但是他们还没有收到礼物。"

富翁因修女的态度，大受感动，以后每个月自动送钱到孤儿院去。

面对这样一位意志顽强的修女，魔鬼也无奈。

打了她，不但不恼，反而微笑并欣然接受这一蛮横耳光为"礼物"。

这就是信念的魔力：它不但可以令自己永不放弃，而且也会感染他人来按照你的意志行事。

在我们的生活中，我们常常需要感谢的并不是鲜花和掌声，很多时候，我们需要感谢我们的对手，不管他给了我们多么沉重的打击，正是在他们的逼迫之下，我们才会努力。在和对手的对抗中，我们真正磨练了自己。可以说，给我们耻辱的对手是我们前进的推动力，是我们成功的催化剂。

一代英主康熙大帝在继位执政60周年之际，举行了千叟宴进行庆祝。在宴会上，他敬了三杯酒，一杯敬给孝庄太皇太后，感谢孝庄辅佐他登上皇位，一统江山；第二杯敬给众大臣和天下万民，感谢众臣齐心协力尽忠朝廷，天下万民俯首农桑，天下昌盛；第三杯敬给的是他的敌人，吴三桂、郑经、葛尔丹和鳌拜，因为正是他们成就了康熙的丰功伟绩。

挑战和耻辱都是你生命中的珍宝，正是它们给你奋发向上的力量。

07 抱怨与事无补，
唯有成功才是出路

　　一个成功事业的获得者，必然会是一位完美理想的实践者和信念的守恒者。无论到任何时候，无论陷入什么样的艰难困境，他都会坚强地站起来。因为他有一个坚强的理由：我必须成功，因为那是我唯一的出路。

　　生命力是这样一个"东西"：当你将它闲置，它就会越发懒惰，巴不得永远安息才好；你充分利用它时，它很少会再现令人不满意的状况，即便是把它调动至极限，它亦不懂拒绝。特别是在你把事业放在它的前面时，不必去提醒，它就会极力表现自己，参与竞争，它决不甘心落后或被你冷落。

　　如此一来，奇迹就自然而然地诞生了。

　　27岁时，费朗西斯科似乎在实现自己梦想的道路上一帆风顺。他的技术已经使他在墨西哥市医院的整形外科得到了一席之地，再过几年，他也许就能开办私人诊所了。然而，随之发生的一次8.1级大地震夺去了4200多人的生命。

地震时,弗朗西斯科正在医院第五层大楼自己的房间里工作。灾难性的地震结束后,他躺在一楼,身上压着数吨重的钢筋混凝土和石块。在黑暗中,当他听到室友垂死的喘息时,他同时也意识到自己的右手——用于做外科手术的那只手,也被一个巨大的钢筋横梁压碎了。他忍着巨痛狂乱地挣扎,但仍然无法把手拉出来。他感到极度的恐慌,作为医生,他知道如果没有血液循环,他的手将会坏死,如果那样,他的手将被截肢。

几个小时过去了,弗朗西斯科几度清醒、几度昏迷,渐渐地越来越虚弱。但是在废墟外,费朗西斯科家人的决心却起了非常大的作用。他的父亲和六个兄弟加入到无数志愿者中间,用铁锹和镐拼命地挖着废墟。费朗西斯科的家人一直没有失去信心,四天后,他们终于从废墟中找到了弗朗西斯科。

现场的专业救援人员说,必须把弗朗西斯科的手砍掉,才能将他从巨大的钢筋横梁中救出来。但是他的家人清楚地知道弗朗西斯科的梦想是成为外科医生,断然拒绝这样做。救援组就又花了三个小时,用起重机将压在弗朗西斯科手上的钢筋横梁搬开。钢筋横梁一搬开,人们立即将弗朗西斯科送往另一家医院。接下来的几个月中,当墨西哥政府努力重建首都的同时,弗朗西斯科也在重建着自己的梦想——恢复自己右手的功能。

第一步是一个18小时的手术,医生们希望能保住弗朗西斯科受伤的手,但数天过去了,挽救弗朗西斯科右手的希望变得越来越渺茫。在他受伤的手上,手指部位的神经无法复原。三个星期后,大夫被迫截去了除了他拇指之外的其他四个手指。弗朗西斯科坚强地面对所发生的一切。当时他的目标就是保住右手上留下来的拇指和其他功能。接下来的几个月,费

第四章
习惯决定性格，性格决定命运

朗西期科又经历了大大小小五次手术。然而，他的手还是无法恢复功能。没有右手，他怎么给病人做手术。弗朗西斯科开始寻找奇迹，除此之外，别无他法。

他要求到旧金山的戴维斯医疗中心微外科主任哈里·伯恩克大夫那里继续治疗。因为伯恩克大夫倡导用移植脚趾来代替失去的手指的办法。弗朗西斯科意识到伯恩克大夫可能是他的右手恢复功能的最后希望。他发誓只要伯恩克大夫能成功地完成手术，他自己将处理今后要面对的困难。

伯恩克大夫通过手术，用弗朗西斯科的脚趾替换了他的无名指和小指。经过一段时间的刻苦练习，弗朗西斯科竟能够用拇指和其他两个"手指"抓住东西了，这使得他可以做一些简单的事情，如系扣子等。从复杂的手术中复原后，弗朗西斯科立即将自己投入到紧张的恢复治疗和练习中。经过数小时痛苦的练习，他才能将销子插入插销。后来他又拿着笔和纸练习写

251

字，终于能很熟练地写自己的姓名了。伯恩克大夫鼓励他说："手会根据它的用途恢复它的功能，你用它用得越多，它恢复得就越好。"

经过几个月的努力恢复，弗朗西斯科回到墨西哥市医院，并承担一些有限的职责。他继续像奥林匹克运动员那样坚持刻苦训练。他通过游泳强健身体；为了加强手的功能，他一遍遍地练习打结扣，然后再解开，他练习用针缝衣服，将食物切成很小的小块，在两个新手指间滚动橡皮球。开始的时候，要完成这些即使最简单的动作还很困难，但他始终坚持着，直到能将每项练习完成得十分精确。同时他也练习自己的左手，使自己的双手都可以运用自如。

终于有一天，弗朗西斯科接受了他一生中最严峻的考试。

一位资历较老的医生一直观察着弗朗西斯科的进步，看到了他从清理包扎伤口到进行简单的医疗处理等过程。这个医生邀请弗朗西斯科做他的助手，为一个折断鼻梁的人做手术。手术过程是极为精细的，因而弗朗西斯科以为他的作用只能是帮助传递手术器具。当医生准备从病人的肋骨上取下软骨用于重做鼻梁时，他转向弗朗西斯科说："你来取软骨。"

弗朗西斯科知道这是个关键时刻，如果成功地完成此任务，将意味着他又可以重新回到外科手术中来；如果失败了，则意味着所有的努力都将前功尽弃。于是弗朗西斯科将勇气贯注于手，艰难地取下病人的软骨。别的医生十分钟就能完成的事情，弗朗西斯科用了一个小时，但这是胜利的一小时。弗朗西斯科后来回忆这件事时说："那个过程需要很多技巧，我当时已清楚地意识到今后我什么都能做。"

如今，弗朗西斯科在蒂华纳行医，已经成为著名的整形外科大夫，为病人提供整套服务。他常常免费为病人们治病，如为孩子们治疗"兔

第四章
习惯决定性格，性格决定命运

唇"，为被烧伤的年轻人做整形手术。"在自己亲身经历了六次手术后，"他说，"我非常理解我的病人，我能了解那种恐惧的滋味。"

一些人亲切地称他为"用脚做手术的医生"。弗朗西斯科并不介意。他常常笑着回答："我的手看上去也许并不美观，但它们却能很好地工作。这是一个奇迹，我能用它们从事我至爱的事业，而且帮助需要创造奇迹的人们实现他们自己的梦想。"

一位国际马拉松冠军讲过这样一段经历：

"几年前，我开始练长跑。训练基地的四周是崇山峻岭，每天凌晨两三点钟，教练就让我起床，在山岭间训练。可我尽了自己的最大努力，进步却一直不快。每每看到队友轻轻松松地超过我，然后再把我丢得远远的，我连跑动的力气都没有了。

"渐渐地，我彻底泄气了，并产生了放弃的念头。可是教练却坚持让我练下去，他说：'我说你行，你肯定行！我绝对不会看错人的。请相信我！'

"有一天清晨，我在训练的途中，忽然听见身后传来狼的叫声，开始是零星的几声，似乎还很遥远，但很快就急促起来，而且就在我的身后。我知道是一只狼盯上了我，我甚至不敢回头，没命地跑着。那天训练，我的成绩好极了，但是，我从小就怕狼，而且这地方曾传说发生过狼吃人的事。我向教练提出换个路线。他坚决不同意，并且笑着说：'原来不是你不行，而是你的身后缺少一只狼。'后来，我才知道，那天清晨根本就没有狼，我听见的狼叫，是教练装出来的。从那以后，每次训练时，我都想象着身后有一只狼，所以成绩突飞猛进。当我参加比赛时，我依然想象着我的身后有一只狼。"

一位名不见经传的年轻人第一次参加马拉松比赛就获得了冠军，并且打破了世界纪录。这不能不引起人们的关注。

当他冲过终点后，新闻记者围住他，不停地提问："你是如何取得这样好的成绩的？"

他苦笑了一下，喘着粗气说："因为我的身后有一只狼！"

让自己身后有"一只狼"，它的存在会让你产生一种极度恐惧的紧迫感。你不能停下来，而且必须加快脚步，否则你会被它吃掉。

人没有不怕死的，死亡的威胁往往会让人的潜能不由自主地迸发出来。

其实这很容易，只要列一个严格的计划就可以达到这个目的。

第四章
习惯决定性格，性格决定命运

对一个创业的人来讲，所谓死亡的威胁，无非是失信、倒闭、事业失败。所以你要求自己必须做到：

1. 确保信誉

无论还贷，还是给生意伙伴结账以及兑现诺言，决不可以拖延一分钟。必须做到：毫不含糊，即使借钱还贷也在所不惜。因为诚信是一个生意人的立足之本，没有诚信，兵败如山倒。

这就叫自己给自己施加压力——让身后多出一只狼。

2. 计划提前

10年规划，经过一番精心缩水之后变成了六年之内实现。

这要求你开足马力，加倍努力，不但需要增加投资的频率与数额，而且更需要利润的递增速度等等。

10年压缩为6年——它让你身后又多了一只狼。

3. 目标增大

一个有百万理想的人，行事方式一定与千万富翁不同，而他又不及亿万富翁的气魄和力度。

不一样就是不一样。

目标不妨设置得大一些，这对一个创业者而言，利大于弊。

远大志向才会让人异常振奋，才会产生持久的耐力。

当然，目标大，压力自然增大——你身后多出了第三只狼！

因人而异，你可以想出更多"引狼追人"的好办法。

成功的难度对谁都是一般大的。但是，聪明的人即会想出各种巧妙的办法化解去一部分。所以，同样起步，到达终点的时间却大不一样。

在人生的赛场上，唯有成功才是出路。

08 逆风而上，
　　顺风则下

　　中国古人有句话叫作："疾风知劲草。"劲草无不是生长在迎风高地，它在狂风暴雨中长大，所以要比其他地方的同类草坚韧许多，当大家都倒下时，它依然挺拔而立。

　　没有毫无道理的成功，只有毫无道理的失败。

　　失败的道理可以归结出千百条，成功的道理往往却只有一条：坚持。

　　坚持的含意很广泛：逆境中的坚持，等待中的坚持，前途渺茫的坚持，以及跌倒爬起来重新从零开始的坚持……

　　人生中逆风，更多的是指人言——公论，定论或者说针对你的行为所发生的舆论。

　　他们劝你放弃，因为只有放弃才是明智的，否则，你必将一败涂地。

　　你不听，你就是狂妄、偏执，你就是个疯子。但是，当你听了，你则是一个没有主见的人。

第四章
习惯决定性格，性格决定命运

一个哥伦比亚的女孩说过这样一段话："当别人建议你不能做这个，不能做那个时，你不要理睬他们。当你遇到挫折时，把它当作一次机会，而不是世界末日。你需要做的，是尽快超越它们。如果一直坚信自己的梦想会实现，你就一定会取得成功。"

玛丽亚·艾伦娜·伊瓦涅斯在1996年登上了《公司》杂志名人排行榜，而且还是排行榜中唯一一个白手起家，属下有两个不同的公司登上《公司》500强排行榜的公司总裁。在她刚刚步入该领域时，许多人都认为她不可能在这个领域取得任何成绩。

在哥伦比亚，当玛丽亚·艾伦娜·伊瓦涅斯只是一个十几岁孩子的时候，他的父亲就让她参加了一个电脑学习班。

1973年，她还在美国上大学学习电脑专业的时候，玛丽亚·艾伦娜就产生了一个念头，那就是在拉丁美洲销售电脑。虽然在拉丁美洲电脑的标价是10万美元，非常昂贵，但是电脑还是越来越普及了。玛丽亚·艾伦娜想要投入到这种革命性的技术中来。

在当时，美国个人电脑的价格在8000美元左右，而拉丁美洲的个人电脑价格却要昂贵得多。她想：为什么不在拉美销售个人电脑，来开发这个非常有前景的市场呢？1980年，她将自己的想法和许多主要的电脑公司交流过，并请求给她一个机会，在自己的国家销售他们的电脑。

"他们告诉我不要提这事，"玛丽亚·艾伦娜回忆说，"电脑销售执行经理们说，拉丁美洲正处于经济危机之中，许多国家都十分贫穷，那儿的人们没有钱来买电脑。因此，他们认为拉丁美洲的市场太小了，根本不值得他们去开拓。"

但玛丽亚·艾伦娜并不这么认为。当别人的眼睛里只看到各种局限性时，她却看到了各种市场机会。她认为："即使这个市场只有1000万美元的承受能力，对我来说已经足够了，我能从中挣到钱。而且由于它很小，所以，就不会有什么人去竞争这个市场。"

当时她只有23岁，没有任何销售和市场经验，而且是个女性，这些被她见过的经理们称为对她而言的三个不利因素。但是，她却清楚地知道两件事：一是在美国电脑比较便宜，其二就是拉丁美洲需要便宜的电脑。她满怀希望而又乐观地与一位银行家接触，请求从他那儿得到一笔贷款，银行家提出要看她的商业计划。玛丽亚·艾伦娜从来没有听说过商业计划这类的东西。她接触的第二位银行家要求看她的市场销售计划。同样，她还是不知道市场销售计划究竟是什么。于是，她就试着直接与代理商联系，许多人根本就不想见她，只有两个人带着怀疑地听了她的想法。她问他们："你们现在在拉丁美洲的销售额是多少？"他们说："零，一点没有。"玛丽亚·艾伦娜对他们说："我能每年在拉丁美洲销售价值你们公司1万美元的产品。"

为达到目的，玛丽亚·艾伦娜不得不答应所有订货必须预先付款。就这样，一家电脑公司在没有承担任何风险的情况下，给了她9个月的境外代理商资格。

她的第二步就是与旅行社联系。玛丽亚·艾伦娜的要求非常简单："为我在迈阿密飞往阿根廷的班机上定个座位，在每个我不必支付额外停靠费用的主要城市停靠。"这就是玛丽亚·艾伦娜设计的市场推广计划。说实在的，她自己都不知道会有什么样的结果，她说："无知有时是值得庆幸的，或许能带来意想不到的结果，我真的不知道自己会碰到些什么。"

由于没有任何的销售推广经验，玛丽亚·艾伦娜所有行动的向导就是

第四章
习惯决定性格,性格决定命运

坚信自己的目标和信念。她在哥伦比亚下了飞机,住进了一家宾馆,立即拿起了当地的电话号码本,开始给当地的电脑零售商们打电话。"当时我想,广告做得越大的公司,它们的规模和业务量一定也非常大。所以,我打电话时首选那些做广告最大的公司。"

第二天,玛丽亚·艾伦娜被约会塞得满满的,她飞奔着赶往一个个约会。在20世纪80年代,拉丁美洲思想观念还很落后,许多商人还很不习惯与女人做交易,尤其与一个看上去只有18岁、娇小而年轻的金发女郎。但她用自己年轻人特有的热情和自己的教育背景以及对电脑的丰富知识,将可能产生的不利因素全部转化成了自己的优势。玛丽亚·艾伦娜这样描述了她后来的客户当时对她的反应:"他们对一个女人谈论他们不知道的、当时最新的技术和事物非常着迷。他们的反应令人非常满意,因为我有很棒的产品,而且我提供的价格很有优势,将使他们可以和一些大的经销商竞争了。"

在三个星期的行程中,玛丽亚·艾伦娜旋风般地穿行于厄瓜多尔、智利、秘鲁和阿根廷。在每个国家,她都用同样的办法来推销她手上的产品。"我原本计划销售1万美元的产品要一年后才能返回美国,出乎意料的是,我仅仅是用三个星期的时间就接到了价值10万美元的定单和预先付款的现金支票。"这对于在大学计算机实验室教课每小时挣6美元的人来说,简直是个天文数字。

渐渐地,玛丽亚·艾伦娜的销售额超过了百万,甚至是几百万。在其后的五年里,玛丽亚·艾伦娜的销售额达到了令人震惊的1500万美元。就这样,她成立了自己的公司——国际高科技公司。1987年,在《公司》杂志登载的500家发展最快的公司的排行榜上,玛丽亚·艾伦娜的"国际高科技公司"排在了第55位,1988年,玛丽亚·艾伦娜卖掉了公司,继续开展这方面的业务,三年后销售额达到7000万美元。

后来,玛丽亚·艾伦娜又组建了一个新的公司开始向非洲销售电脑。市场专家们又一次次告诉她说非洲太穷了,根本就不适合个人电脑销售。尤其是在那样一个男人占绝对统治地位的社会里,一个外国女性在非洲销售电脑就更不可能了。那时的玛丽亚·艾伦娜早已经习惯这些消极的反应了。她认为这些专家们的目光非常短浅,相信自己对未来趋势的预见。1991年,她仅仅带了一份产品目录和一张地图就乘飞机到了肯尼亚首都内罗毕,开始了她的销售活动。她住进宾馆后,就又拿起电话号码本开始联系当地的经销商。两个星期后,她带着15万美元的定单飞了回来……

非常奇怪的一种现象:玛丽亚·艾伦娜每每要做一件事,总会有专家出面劝阻,诚恳地对她说:"那是不可能的。"而每次,她都是在不可能的情况下成功了一次又一次!所以,千万别相信什么专家的论断!

所谓的专家都是某些定律、公式与逻辑的化身,他们根本不明白这世界上有很多事情是任何公式、定律都无法解释的。当他们化身成权威的形象,对于你的所作所为指手画脚的时候,他们就是用所谓的真理来阻止奇迹的产生。如果你能够相信这一点,你就能够逆风而上,创造成功。

第四章
习惯决定性格，性格决定命运

09 在"下一次"中
　　找回正确的自己

很久以前，一艘英国商船沉没于马六甲海域。这艘从广州驶出的船上载满古老中国的丝绸、瓷器及珍宝。

后来一位名叫鲍尔的人偶然从资料上获此信息，便下决心打捞这艘沉船。他在深黑的海底摸索了漫长的8年，探寻了70多平方公里的海域，终于找到了海底的宝物。

打捞沉船是一项耗资巨大的工作，刚进行了30天，就用去几万元，两位最初的合伙人认定无望而离去。之后没有一个合伙人能坚持得更久，其中有一位鲍尔的好友，几次加入又几次离去，并一次次劝说鲍尔放弃这疯狂的念头。

事后鲍尔说他其实一直有放弃的念头，每次精疲力竭地从海底潜回时他都想永远不再下去了。他甚至怀疑早年的记载有误，而且8年来他已耗尽巨资债台高筑，但他终于坚持到了成功的这一天。

8年漫长的海上苦苦追寻，对人的意志无疑是一场磨炼。那种孤独和无边的茫然，相信这个世界上没有多少人能够坚持下来。

所以，世界上做大事成功的比例总是很小。

如果你具有一颗平常心，知足常乐，这无可厚非，也值得庆幸。但是，富裕的生活乃人心所向，是任何教义、哲学都无法禁锢的。

但是很多"想有钱"的人都被赚钱的艰辛吓倒了。面对激烈的竞争，面对那一道道看似难以逾越的险关，他们退缩了，退缩到白日梦中去享受有钱的快乐。

由此可见，即使是正确的意见，坚持不到底也就变成了错误。所以一旦认定自己是正确的并开始坚持，就要坚持到底。否则，你不但得背负失败的羞辱，还可能遭受谬误的嘲弄和打击。

美国有一位心理医生，执业多年，成就卓著，为了对他一生的成绩做一个总结，他写了一本医治各种心理疾病的专著。这本书可以说是他一生经验的结晶，共有1000多页。书中详细描述了各种心理疾病的病情以及治疗方法。这本书一出版便受到了人们的广泛欢迎。这位心理医生也被好多大学请去做演讲。

有一次，这位心理医生应邀到一所大学讲学，在课堂上，他拿出了这本厚厚的著作，说："这本书有1000多页，其中有治疗方法和药物不计其数，但所有的内容，其实只有几个字。"

学生们惊诧极了，耐心地听着。心理学家在学生们怀疑的目光中转身，在黑板上写下了几个字："如果，下一次"。

这位医生解释说，造成许多人的精神困扰的莫不是"如果"这两个字，"如果当初我努力学习""如果我没有错过他""如果我当年能够重

第四章
习惯决定性格，性格决定命运

新开始"……

虽然心理医生有多种方法来医治你的疾病，但最终的方法只有一个，那就是把"如果"改为"下一次"，"下一次我再去进修一定努力"，"下一次我无论如何不能再错过我爱的人"……

你的人生会因为无数个"下一次"而焕发出新的光彩，你会发现在下一次中，你找回了自己。它就是你生命的阳光和空气，正是它构成了促使你成功的要素。

坚持是一条不归路，踏上去就永远不要回头。无论身后的嘲笑声多么响亮，你只管沿着正确方向，大步向前。

成功无不是坚持到底的结果。在这个众说纷纭的世界里，只有成功才

263

能让周围的人闭上嘴巴，只有成功才能证明你是正确的。

与其半途而废，莫不如当初不做此打算，劳神又伤财。

第二次世界大战期间，美国有位叫史密斯的海军上尉，他是个专业精神很强的人，而且也很执著。在打靶训练时，他发现他的队长用来打靶的新方法很好，用来训练炮手一定能收到极好的效果，并且还能节省不少炮弹。于是，他写了一封信建议上司采用，但他的上司对于这个意见毫不感兴趣，未予批准。没办法，他便又大着胆子写信给更高的长官，但他的提议仍被驳回。这样他依次申请上去直到海军部长，仍是到处碰壁，不得要领。最后，他索性冒着极大的危险，直接写信给罗斯福总统了。

他这是一种极大的冒险行为，因为依当时的军法，一切下级军官的公文，必须交于直属的上级，然后由那位上级再依次转交上去。现在史密斯竟然直接写信给总统是犯了严重的藐视上级罪的。

他并非不清楚其中的利害，他很有可被撤职，甚至坐牢。但是，他觉得既然是正确的，就要敢于坚持到底，中途放弃只会被人瞧不起。

罗斯福总统很重视史密斯的这个意见。他立刻把那位上尉召来，给了他一个机会，当场试验他的意见对或不对。

他们在沿海某处圈定了一个目标，先令军舰上的炮手沿用老法开炮打靶，结果打了大批炮弹，却一次也没有击中；而采用新方法效果却截然不同，如此一来，证明了史密斯的主张正确。罗斯福因此对他大加赞赏。

史密斯上尉的成功完全是执著的成果。

假如他在中途退缩了，就等于承认了藐视上级的罪名成立。那么，这位后来的功臣就可能被判入狱而成了个罪犯！

如果你认为自己是正确的，那么请坚持到底。